国学知识精华读本系列

让你受益终身的

人生箴言

先哲圣贤名言精粹，儒释道思想精华辑录

韩 非◎编著

中国华侨出版社

图书在版编目（CIP）数据

让你受益终身的人生箴言 / 韩非编著. — 北京：中国
华侨出版社，2014.7

ISBN 978-7-5113-4667-4

Ⅰ．①让… Ⅱ．①韩… Ⅲ．①人生哲学－通俗读物
Ⅳ．①B821-49

中国版本图书馆 CIP 数据核字（2014）第 111661 号

● 让你受益终身的人生箴言

编　著 / 韩　非

责任编辑 / 文　艾

责任校对 / 孙　丽

装帧设计 / 天下书装

经　销 / 新华书店

开　本 / 710 毫米×1000 毫米 1/16　印张 /16.25　字数 /189 千字

印　刷 / 大厂回族自治县德诚印务有限公司

版　次 / 2014 年 11 月第 1 版　2014 年 11 月第 1 次印刷

书　号 / ISBN 978-7-5113-4667-4

定　价 / 32.00 元

中国华侨出版社　北京市朝阳区静安里 26 号通成达大厦 3 层　邮编：100028

法律顾问：陈鹰律师事务所　　　　编辑部：（010）64443056　　64443979
发行部：（010）64443051　　　　传　真：（010）64439708
网　址：www.oveaschin.com　　　E - mail：oveaschin@sina.com

前言

农耕文化是中华文化中极为重要的一个部分，而农耕文化最讲究的就是经验。经验源自哪里？自然是依靠着对先祖的亦步亦趋学习来的。不遵守祖先的教诲，你就难以种出庄稼来；不遵守祖宗的教诲，你就难以把禽畜养大。就是在这样的历程中，我们养成了对祖宗先列的崇拜，对祖训的信任，也有了"不听老人言，吃亏在眼前"的话。

其实，不仅仅是农耕生活，涉及生活的方方面面，我们都能够找到祖先留下来的老话箴言。那些老话箴言经过时间的淘洗，岁月的不断验证和推敲，已经成为人们口口相传的警世训言。这些老话箴言是劳动人民用精练的语句总结自然规律、生产经验以及人生哲理的语言艺术的结晶，是一种有教育意义、认识作用或含有哲理的民间传言，其中蕴藏着深邃的哲理和智慧，已经成为中国文化的精华之一。

翻开历史我们能够看到，每一个胜败兴衰的故事背后，都有一些老话箴言曾做出一些预测、做出总结。在一些成功人士的身上，我们都能寻到他们遵循老话箴言的特质；在那些失败者的身上，也可以清晰地察觉他违背老话箴言的行为。"好汉吃得眼前亏"，这是老话箴言，韩信遵之而吃胯下之亏，终成一代名将；项羽未遵而一意孤行，终致垓下之围。"水盈则溢，月满则亏"，这是老话箴言，曾国藩遵之自裁其军，两袖清风告老还乡，终得以保天年；年羹尧居功自傲，落得被赐自尽的下场……历史上这些一正一反的现实事例实在是值得我们每个人深思。

其实即便不讲历史，就算我们当代的成功者与失败者，其背后也有不一样的老话箴言在起作用。"不疯魔，不成活"，这句老话箴言是对马云、史玉柱这样的成功者最好的诠释；而"三天打鱼，两天晒网"，这句老话箴言不正好也是那些天赋过人却最终一事无成的失败者的脚注吗？由此可见，对人生箴言这简单而又朴素的生活智慧，身为现代人是不得不重视的，它对我们人生的成与败、乐与苦、得与失、兴与衰等都起着极为重的指导作用。

《让你受益终身的人生箴言》一书，从上千条中国古话箴言中选出数十条，从修身、为人、立世、生存、说话、领导艺术、财富经验、幸福心理、思维智慧等方面，展示了古代箴言中所蕴含的智慧以及对我们人生的指导意义。本书构思新颖独到，书中行文流畅，语言言简意赅，心语含蓄隽永。质朴、闪着智慧的之光的老话，相信总有一条让你受益匪浅，总有一条让你回味无穷，总有一条让你转变观念，受益终身。

本书高度集中地概括了人民群众的深邃智慧，是点金的拇指，是开锁的密码。醉月山人的《清》有言："茶能醉人何必酒"，相信书中的每一篇包含了编者心血的文字能带给读者一次心灵的悸动、一道顿悟的光芒、一杯沁人心脾的清茶。那么，亲爱的读者朋友们，从现在起，放慢一下你前进的脚步，安静地坐下来煮一壶好茶，读一本好书，用心体会这些智慧，从中吸取营养，就可以让我们在尘世的喧嚣中蓦然聆听到生命的真谛，得到心灵的净化和情感的释放，让你发现生活的真谛，感受生活的意义，让你读懂生活、读懂幸福、了悟人生。

目录

上篇 修身课：

君子之行，静以修身

第一章　自我修为课

立业先立人，立人先立德

——为人治事当以"立德"为先

中华民族是重视德育的民族。从古至今，世人都将"立德"视为人生第一要务，将"德"视为人的立身之本，将以"立德"为先作为第一信条。"德"是做人的根本，是一个人成长的根基，同时，它也是一个人的精神，一个人的灵魂。一个没有"德"的人，生命便没有了意义，一个人拥有了"德"，人生就更加绚烂、精彩。这也确实如老人们所说："立业先立人，立人先立德。"

"德"在汉语中指品德、美德、修养（自我完善）或恩德、恩惠（与人为善）等，自古以来，中华民族就是一个重视"德"的民族。《左传》有言："太上（最高）有立德，其次有立功，其次有立言。"

中华文明数千年，极为重视"立德"。"立德"为我国古代所谓"三不朽"之一。只有不断加强修身立德的人，才能开启无穷的智慧，照亮我们的心房，推开封锁在心里的窗户，孕育着纯洁的心灵，从而获得别人的信任。

据说一个富商出国旅游，在办理出国手续时，只差一个印章就完成了。可是就在此时，出现了一个小小的插曲，让人看后颇有意味。正当他伸手摸钱包时，一角钱硬币掉了出来，富商并不在乎这一毛钱，因为他觉得对于他来说，根本就没有什么用，便把它踢到了一边，而富商所做的这一切正被办手续的人看在眼里，于是，她拒绝了为他办理手续。

富商感到很奇怪，她说："国徽代表的是一个国家，硬币上有你们国家的国徽，你连自己的国徽都不爱惜，出国还能爱惜什么呢？连爱国的品德都没有的人，不仅是一个'废品'，更是一个对社会有害的'危险品'。"富商听了，羞愧难当。

"德"是做人的根本，是一个人成长的根基，同时，它也是一个人的精神，一个人的灵魂。一个没有灵魂的人就无生命可言。相反，一个人如果拥有了"德"，就拥有了一切，关爱、爱心、温暖……生活也因此而更加完美。人生就如同一颗宝石，如果用"德"镶边，就会更加灿烂夺目、光彩耀人，往往能赢得众人的尊重，其人格光芒四射，充满迷人的魅力，显得异常高大。

二战时期，波兰有位商人名叫辛德勒，他以开工厂的名义，用行贿等手段，使数千名犹太人脱离了德国法西斯的集中营，得以生存下来。

辛德勒后来破产了，甚至后半生默默无闻。但是他死后被埋进了义士墓地，每年全世界的犹太人和他们的后代都会聚集到他的墓地，去缅怀他，去向他致敬。他的名字也被后人刻在了以色列著名的义士公园的大道上，人们将永远传诵他的故事。相反，那些无德寡恩之徒则因其凶残卑劣的恶行，将永远被世人唾弃。如二战中，疯狂屠杀犹太人的德国法西斯头目希特勒，日本帝国主义对中国的大屠杀，将永远被钉在历史的耻辱柱上接受拷问，遗臭万年。

"德"在人生旅途中是至关重要的。难怪康德会说："在这个世界上，唯有两样东西深深地震撼着我们的心灵，一是我们头上灿烂的星空，一是我们内心崇高的道德。"人生就像是一只船，"德"便是船桨，只要拥有德的人，船才会有前进的动力，一步步到达成功的彼岸，到达人生的最巅峰；如果一个人没有了"德"，船也就没有了前进的动力，慢慢地往后滑，越滑越快，最终回到原点，这个人的一生就没有任何意义、任何价值，彷徨一世，黯淡而平静，温饱而平庸；如果我们要想成功，就要先"立德"，拿稳这块人生的无价宝石，掌好这只船桨，不应该随意虚掷，稍不留神它就离你而去，但重新找到它却很难，就如大海捞针。

"德"是石，敲出希望之火；"德"是火，点燃希望之灯；"德"是灯，照亮人生之路；"德"是路，引导人们走向灿烂和辉煌。请记住，做人当以"立德"为先。

╔══════ 智慧典藏 ══════╗

在人生旅途中，我们应以"立德"为基石，而后才能"立人，立业"。这样人生就获得了一个坚固稳定的支架，不仅可以支撑起做事的理想、做人的尊严，也更能支撑起事业的成功和人生的幸福。

树靠人修，人靠自修

——"自立"者，天助之

一个人和一棵树一样，想要茁壮成长、开花结果，就要修正、修剪。但人又和树不一样，树木要靠人修剪，而人却要靠自己"修理"自己。不会自己修理自己的人，永远也成不了才。这正应了一句老话："树靠人修，人靠自修。"

梁启超谈到人的人格结构、人内在德性修养时，首先谈到人的独立意识。他说："独立者何？不藉他人之扶助，而屹然自立于世界者也。"他认为《中庸》所讲的"中立而不倚"，其实质就是指人的独立意识。梁启超把"独立意识"提到人的素质上来理解，他说："独立是人区别于动物的重要标志，是人类摆脱野蛮步入文明的标志。"因此，人必须懂得自立。

尼日尔有一株金合欢树，已经活了1800年。它虽生长在酷热干燥的撒哈拉沙漠中，但它根部能扎到沙海深处30米以下，汲取水分。虽然它的主干弯曲，而且粗糙，绿叶也不多，但它枝干茂盛，年年都能生枝发芽。虽说这里长年干燥，白天、黑夜温差大，而且天气变化异常，恶劣的气候使这株金合欢树伤痕累累，但它却顽强地活了下来。受到沙漠严重威胁的尼日尔人民，以其顽强独立的意志将它视为"神树"，当地民族并将其作为民族的图腾。

于是，这里的人民开始自发地担当起保护这株金合欢树的责任，以前从树旁经过的车辆和驼队都要绕道而行。他们根据金合欢树的生长特点，对这棵树进行护理，先将残枝败叶修剪干净，在它的根部堆上泥土。然后，挨家挨户将自己家藏的饮用水拿出来，给树灌溉，还给它竖立起了屏障，以便遮挡风沙和冰雹。

可是，仅仅一年时间，这棵树就枯萎了。得知它的死讯，尼日尔人们一片悲声，并为这生长了 1800 年的"神树"枯萎而十分好奇。最后，经科学家们的调查发现，最终找出了答应：这棵金合欢树不是死于风沙、干旱、高温、严寒、冰雹的摧残，而是死于人们的精心护理。

自立才可以掌握自己的命运。人要学会自立。易卜生曾经说过："世界上最坚强的人就是独立的人。"是的，因为自立的人才会有所作为。陶行知先生也说过："滴自己的汗，吃自己的饭，靠人，靠天，靠祖上，不算好汉。"这些无疑说明了人要学会自立，更要懂得自立。

有一个小和尚在屋檐下避雨，看到方丈撑着伞从自己的前面走过，便作揖喊道："方丈，佛法不是教我们要普度众生吗？你可以度我一程吗？"

方丈停了下来，说道："我走在雨中，你却躲在屋檐下面，而屋檐下又无雨，你何必要我度你呢？"

小和尚听完了方丈的话，便立刻走出屋檐，站在大雨中，对着方丈说："我现在已经在雨中了，你可以度我了吧？"

方丈说道："我也在雨中，你也在雨中，我没有淋雨是因为我带了雨伞，而你淋湿是因为你没有带雨伞。确切地说，不是我度你，而是伞在度我。如果你要度，不必找我，请你自己找伞吧。"

那小和尚被雨淋得浑身难受，便说道："你不愿度我明说就罢了，为什么还要绕这么大的圈子呢？我看佛法讲求的不是'普度众生'，而是'专度自己'。"

方丈听到此话，不但没有生气，反而心平气和地对他说："想要不淋雨，就必须要找伞。真正悟道的人是不会被外物所干扰的。雨天不带伞，一心想着别人一定会带，自己一定能得到别人的帮助，这种想法是错误的，总是依赖别人，自己又不肯努力，到头来必定什么也得不到。每个人都有本性的，只不过有的人还没有找到，平时也不去寻找，只想依靠别人，这样做怎么能够成功呢？"

小和尚听罢恍然大悟……

在生活中，我们何尝不是如此。一遇到困难，第一反应就是求助于父母、朋友、同事……我们以为他们都是生命中长长的路，认为他们是可以信赖、可以依靠的人，一旦得不到帮助，便心存抱怨，万分沮丧。殊不知，他们只是我们生命中短短的一座桥，甚至一个过客，不是自己可以长久依靠的肩膀。

绕檐家雀永远飞不上蓝天，绕膝孩儿永远不会奔向远方，依靠别人的人是不会有所成就的。唯有通过自身努力才可以改变自己的命运，自己的行为，决定自己未来的一切。凡事也要靠自己，别人是替代不了的。

❧智慧典藏❧

自立是夜幕中的一丝微光，虽然很淡，但也能冲破黑暗；自立是大海里的一块木板，虽然很小，但也能拯救生命；自立是烧杯内的一种催化剂，虽然很少，但也能改变速度。要想成功，就必须自立。

一瓶子水不响，半瓶子水乱晃

——在低调中修炼自己

饱满的麦穗总低头，枯萎的麦穗高仰脸。正如千古传诵的老人言所说："一瓶子水不响，半瓶子水乱晃。"现实生活中，越是有实力的人，为人越是低调；而那些越无知的人，越爱自夸自擂。前者不仅可以与人和谐相处，而且让人暗蓄力量，悄然前行，获得成功；而后者难以融入人群，难免会遭他人的忌妒和排挤。因此，要想获得成功，就必须学会在低调中修炼自己。

中国传统文化，谨言慎行历来被视为有修为的表现。古语云，"水深流去远，贵人话语迟"，适合入仕为官。如果能达到"喜怒不形于色"的境界，便是道行高深了。

罗素曾说："一个人情绪高昂的程度和他对事实的认识成反比，知道得越少就越狂热。"人就是这样，距离越远，认为自己看得越清楚；越无知，越觉得自己知道很多；越浅薄，就越偏激。

毕沅，字缳蘅，江苏太仓人，清代官员、学者，为人十分高调，总以为自己满腹经纶。

乾隆三十八年，毕沅出任陕西巡抚，赴任的途中，经过一座古庙，由于长途跋涉，舟车劳顿，他们决定进庙休息。此时，寺庙住持正在打坐念经，只听得有人来报，说陕西巡抚大人到了。而让毕沅感到奇怪的是，迟迟不见住持起身迎接，而是继续打坐念经。过了差不多一炷香的工夫，住持才起身合掌，给巡抚大人施礼。这让一向受人崇拜的毕沅很是不爽。

"老衲适才佛事未毕，有疏接待，还望毕大人恕罪。"住持开口说道。

"听说，佛家有三宝，老法师为三宝之一，何言疏慢？"毕沅很不满意地回答道。随即，毕沅上座，老住持则在侧陪坐。

"老师父诵的是何经？"毕沅问道。

"《法华经》。"住持回答。

"老师父一心向佛，摒除俗务，诵经不辍。这部《法华经》想必烂熟于心，不知道老师父可曾知道这其中有多少个'阿弥陀佛'呀？"毕沅挖苦道。

"老衲资质浅薄，随诵随忘，不曾记住有多少个'阿弥陀佛'。但大人就不同了，毕大人是文曲星下凡，屡试屡中，相比对于《四书》已是倒背如流了。不知大人可曾知道其中有多少个'子曰'啊？"住持机智地回答道。

毕沅听后，回答不出来，便只好作罢。随后，毕沅跟随住持走到一尊佛像前，他们停住了脚步。

"你说，它这个大肚子里装的都是些什么啊？"毕沅指出佛肚子问住持。

住持回答道："满腹经纶，人间乐事。"

"老师父如此博学多才，为何不去考取功名，而是抛却红尘，皈依三宝呢？"毕沅问道。

"富贵如过眼云烟，怎能比得上西方一片净土。"住持回答。

两人边走边聊，来到了罗汉殿，殿中的罗汉各显神态，栩栩如生。

毕沅指着一尊佛像问："他笑什么？"

"笑天下可笑之人。"住持回答。

"天下哪些人可笑呢?"毕沅问道。

"恃才傲物之人,可笑;贪恋富贵之人,可笑;仗势凌人之人,可笑;钻营求宠之人,可笑;阿谀奉承之人,可笑;不学无术之人,可笑;夸夸其谈、自以为是之人,可笑……"老住持回答道。

毕沅听了住持的回答,羞愧难当,深深地向住持作揖,然后离开了。从此,他再也不在别人面前显示自己的优越感了。

人誉我谦,又增一美;自夸自败,又增一毁。为人低调是一种姿态、一种风度、一种修养、一种智慧、一种胸襟、一种谋略,越是有实力的人越是低调。

有一位年逾七旬的低调"穷人"。他喜欢自己开车,衣服穿到破旧为止。最喜欢的运动不是高尔夫,而是被富人们看着很低级的桥牌。最钟情的食物是爆米花。有钱人爱谈论豪宅、别墅,而他住的还是1957年用3.1万美元买下的旧房子。

50年来,他一直住在被政府列为"有损市容"的地方,房子室内几乎没有任何装饰,家具极为简陋,床头只有一个破旧的台灯和书籍。出差在外,他也总是住极其便宜的宾馆,甚至还用宾馆赠的优惠券去购买打折的面包。

当他已是亿万富翁的时候,谁也不会相信,他那刚刚当上妈妈的宝贝女儿只能看黑白小电视。他答应为自己的小儿子购买农场,但同时声明,必须按合同规定交费,否则就立即收回。

如今,在大多数时间里,他总是深居简出,躲在家里。除了家人,他不用助手、私人医生、顾问、司机等,家中的佣人也只是一两周过来一次。

不爱抛头露面,不喜欢张扬,生活方式低调。他告诉世人,他不会将财富留给子女，而是回馈给社会。2006 年，他将自己的财富一半以上捐给了慈善基金。

就是这样一个人，他得到了无数人的爱戴和喜欢，获得了许多朋友，也正是由于这些朋友，源源不断地给他提供有用的信息。他就是沃伦·巴菲特。

古往今来，凡欲成大事者必先低调为人，进而为人所悦纳、所欣赏、所佩服、所拥有、所支持，这正是人在江湖游走的根基，根基牢固，才会枝繁叶茂，才能硕果累累；倘若根基浅薄，便难免枝衰叶落、弱不禁风。为人低调，不仅可以保护自己，而且可以融入人群，与人和谐相处，不仅可以免遭他人的嫉妒和排挤，而且可以在不知不觉中壮大和发展自己，在不显山不露水中成就一番事业。

≪智慧典藏≫

戒骄戒躁才能精进，虚怀若谷方成大器！

淡泊明志，宁静致远

——修"心"养性，淡泊清心

生活如虹，色彩斑斓，内容丰富；人生之路，迂回曲折，峰回路转。如果过于苛求，只会心生疲惫，不堪重负。弃一切世俗之物，悠然于天地山川草木之中，过心神向往已久的宁静生活，超凡脱俗与另一番境界共处，不与世人同流合污，只求精神境界的纯洁以自慰。老话说得好："淡泊明志，宁静致远。"这便是一种修心的大智慧。

人生本在苦海游，修得清静享真乐。心清静，就是福，清静为最上快乐。中国人讲究修心明智，追求的是大智慧与高心境的合一。这里的"心"是一颗清澈纯净毫无杂念的心，"智"则是建立在这颗无欲之心之上的一种颇难企及的大境界。

真正的快乐绝不是外界物质的享受。人的一生不可能从头到尾如水晶般纯净，难免沾染尘世漂泊起伏，多数人之所以终其一生庸庸碌碌，到头来抱怨生活，全在于他们的心早已蒙尘，亦缺乏看透一切的智慧。反观史上诸多智者，更多的则是放下物质追求，以一颗水晶般的心来参透无上大智慧。

人的本性决定了人都有"贪婪"之心，这也是人们对美好生活的一种变态追求。可若让贪欲牵着鼻子走，最终一定会走向万劫不复的深渊。

从前，有一个神奇的山洞，传说里面藏满了金银珠宝。而这个山洞只有你有很少的私欲才能进出。

无数的淘宝者为了这一宝藏都争相去寻找。一天，一个淘宝者无意中发现了这个山洞，于是，他打开了一个山门，满心欢喜地跑了进去，看到满洞的金银珠宝，这一切使他眼花缭乱，急忙往口袋里塞珠宝。当他装满了所有的袋子，高兴地走出山洞时，发现了自己的鞋子还在里面。这不是一双普通的鞋子：自己淘宝所得，具有很久远的历史，能够卖很多钱。他放不下，于是，又往山洞里奔跑。但当他刚进去时，山洞的门也关上了。他和珠宝永远地关在了这里。

俗话说："世事忙忙如水流，休将名利挂心头。粗茶淡饭随缘过，富贵荣华莫强求。"生活中我们切莫被现实的嘈杂和物欲迷失了心性。人生可以没有崇高的地位和巨额的财富，但是，活着就必须拥有一份好的心情，而平凡、淡泊的生活最真实。不为外物所累，不受他人左右，轻松、平淡地走过人生的春夏秋冬。

古罗马时期，有一位国王，用最丰厚的奖金，召集天下有名的画家，希望能画出最能使人心灵清静的一幅画来。许多有名的画家为了丰厚的奖金纷纷赶来，画出了许许多多的画，但是，国王都对他们所画的画不感兴趣。

一天，一位姗姗来迟的画家画了一幅画，最后得到了国王的嘉奖。这幅画画的是一潭平静的湖水，湖面如镜，倒映出周围的群山，但都是些光秃秃的山，上面是灰蒙蒙的天空，下着大雨，雷雨交加。山边也奔流着一道道瀑布，看来一丝都不平静。但是国王仔细一看，就看到瀑布的旁边有一细小的树丛，其中有一个鸟巢，在奔腾的河水之中，鸟儿则安坐在自己的窝中，享受着最为安全的清静。

国王对这幅画大加赞赏，便重赏了这位画师。但所有的画家们都不解。

国王自己解释道："一个人并非待在一个没有困难与辛苦的地方才能获得清静，而是在一切纷扰的杂乱中，心中却仍然保持平静。"

这个故事告诉我们，生活中，要时时调整好心态，处乱不惊，处乱不躁，这样才能生出真正的快乐来。

弘一法师说："恬淡是养心第一法。"他所说的恬淡即为恬静淡泊，享受生命的清静，淡泊物欲，这是养心修心的第一法则。也就是说，我们要将心灵时常安置于一个安静的状态中，不因繁杂的外物喧嚣而迷乱，让阳光心灵，为人生摆渡。

智慧典藏

　　淡泊清心是内心超脱尘事的豁达。春风大雅能容物，秋水文章不染尘。淡泊者如"风""水"气度，不为物欲所累，不为繁华所诱，宠辱不惊，处乱不躁。因此，淡泊清心是修"心"养性的最佳心灵空调。

知人者智，自知者明

——认识你自己

　　"知人者智，自知者明"，是流传了两千多年的老话。"智"，是自我之智，"明"，是心灵之明。"知人者"，知于外；"自知者"，明于道。智者，知人不知己，知外不知内；明者，知己知人，内外皆明。欲求真知灼见，必返求于道。只有自知之人，才是真正的觉悟者。

　　"认识你自己。"这是刻在古希腊帕尔索山上的一块石碑上的著名箴言，犹如一把千年不熄的火炬，表达了人类与生俱来的内在要求和至高无上的思考命题。卢梭称这一碑铭"比伦理学家们的一切巨著都更为重要、更为深奥。"人生在世，因为生活所需，需要与外界进行来往，适应外界的变化，在人生轨迹中就需要不断地认识自己、突破自己。只有认识到自己，才算得上真正的智慧，才能更好地掌握自己，做自己命运的主人。

　　凯勒丰是与苏格拉底相知极深的朋友。有一天，他特意跑到特尔斐神庙，向神请教一个问题：世上到底还有谁比苏格拉底更聪明？

神谕曰：没有谁比苏格拉底更聪明。

凯勒丰高兴地向苏格拉底展示了神谕的内容，可是他从苏格拉底脸上看到的却是茫然和不安。

苏格拉底不认为他是最聪明、最有智慧的人。于是，苏格拉底要寻找一位智慧声望超过他的人，以反证神谕的不成立。

他首先找到一位政治家。政治家以知识渊博自居，和苏格拉底侃侃而谈。苏格拉底从中看清了政治家自以为是其实是无知的真面孔。他想，这个人虽然不知道善与美，却自以为无所不知，我却认识到自己的无知，看来我似乎比他聪明一点。

苏格拉底还不满足，依然继续着他的求证。他找到了一位诗人，发现诗人吟诗做赋全是出于天赋，而诗人自以为能诌几句酸诗便可以目空一切。

接下来，苏格拉底又向一位工匠讨教，想不到工匠竟重蹈诗人的覆辙。因一技在手便以为无所不能，这种狂妄反而消弭了他所固有的智慧之光。

最终，苏格拉底悟出了神谕：神并非说苏格拉底最有智慧，而是以此警醒世人——你们之中，唯有苏格拉底这样的人最有智慧，因为他自知其无知。

苏格拉底总是自称一无所知，他一生的名言就是：认识你自己。人世匆匆，自以为是的人大有人在。又有几人能像苏格拉底那样虔诚地求证自己的无知呢？

认识自己是十分重要的。而现实生活中，诚如古训所言，"观人易，察己难"。认识到自己适合做什么，能够做什么，对于大多数人来说甚至比认识别人还要困难。某种程度上，我们是最了解自己的人，但也是最不了解自己的人，人生最大的敌人也正是我们自己。要想真正认识自己，就必须根据自己的实际情况，客观地了解自己的优缺点，既不能高估自己，又不能看低自己。

有人问泰勒斯："什么是最困难的事？"

他回答道："认识你自己。"

人们又问："什么是最容易的事？"

他回答："给别人提建议。"

小草认识自己，所以甘愿弱小，在树荫下装点大地；鲜花认识自己，所以它情愿娇嫩，在枝头释放美丽；雨露认识自己，所以放弃情愿高高在上的位置，在土壤中滋润万物。认识自己，是自我修为的开端；认识自己是走向创造生活、享受幸福的前提条件；认识自己，是完善自我，发展自己智力走向理性的基础。只有认识自己才能完全地了解自己，扬长避短，不断进步。

莱布尼兹说："世界上没有两片相同的树叶。"人一生下来就是独特的，与众不同的。大千世界中只有正确认识自己，才能找准位置，书写属于自己的辉煌。

❖智慧典藏❖

"认识自己"是人生的终生课题。人的一生需要不断了解自己，发现自己，更要不断进行自我教育、自我完善，修炼自身，耕耘心灵，才能使自己变得雍容睿智、从容自信，在纷繁复杂的现代社会中，更加理性地把握人生方向、领悟人生真谛、体会人生价值、实践人生追求……

活到老，学到老

——不断充实、完善自己

宋代朱熹《观书有感》写道："半亩方塘一鉴开，天光云影共徘徊。问渠那得清如水？为有源头活水来。"事物都是运动、变化、发展的。为学之道，必须不断积累，不断地吸收新的营养，一个人的学问才不会变成一潭死水。无止境地学习，是每一个智者所必需的。人要想不断地进步，就得如老人所说的，"活到老、学到老。"

有这样一个哲理故事：

在一所大学里，一教授给学生上了生动的一课。

教授拿出一个罐子放在桌上，说："我们今天来做一个实验。"只见，教授拿出一堆拳头大小的石头，一块一块地把它们放进罐子里，直到石块高处罐口再也放不下去了，他问："罐子装满了吗？"所有的学生都回答："满了。""真的吗？"教授继续问道。说着他从桌上拿出一些沙粒，倒了进去，并敲击玻璃壁使砾石填满石块间的间隙。"现在罐子满了吗？"学生们回答："满了。"教授没有让学生们说完，于是，随手将桌上的水杯里的水倒了进去。水填满了石块与沙粒间的所有缝隙，直至水溢出罐子为止。这次，教授没有再问，实验做好，学生们好像明白了什么，齐声说道："满了。"教授点了点头。

它告诉我们，人的头脑就好比一只罐子，知识就好比石块，不断地往里填。如果你要往罐子里装大石子，很快就会填满的，若是再加入一些沙粒，沙粒就可以顺着石头之间的缝隙滚下去，铺满桶底。这时，加入一些水，仍能加入。人生就是这样，学习是永远没有止境的。"活到老，学到老"。只有不断充实自己，才是克服"自满"的唯一良方。

子曰："学而不思则罔，思而不学则殆"，"学而时习之，不亦说乎?"学习是无止境的，求知是无止境的。在漫长的人生道路上，我们应与时俱进，不断地学习，汲取新的知识，才能充实自己的大脑，使自己变成个有涵养的人。

知识就是力量，知识改变命运，知识是引导人类走向文明的灯塔。"学如逆水行舟，不进则退!"当今时代，世界在飞速发展，知识更新的速度日益加快，人们要适应变化的世界，就必须努力做到不断地读书学习，汲取新鲜知识，思想、才学、智慧才会永不枯竭、永不陈旧，永远充满活力和生机。

春秋时晋国国君晋平公，在他70岁的时候，他依然还希望多读点书，多长点知识，总觉得自己掌握的知识太少了。他就问乐师师旷说："你看，我现在已经70岁了，年纪的确老了，可是，我想多读些书，长些学问，但又总是没有信心，总觉得这样太晚了。"

师旷笑着答道："你说太晚了，那为什么不把蜡烛点起来呢?"

晋平公不明白师旷在说些什么，有点不高兴地说："你这话什么意思?我在跟你说正事，你为什么要故意取笑我呢?"

师旷一听赶紧解释道："大王，你误会我了，我这个双目失明的臣子，怎么敢戏弄大王您啊!只是我听人说，人在少年时好学，就如同获得了早晨温暖的阳光一样;人在壮年的时候好学，就好比获得了中午明亮的阳光一样;人到老年时好学，虽然已日暮，没有了阳光，可他还可以借助蜡烛啊，蜡烛的光亮虽然不及太阳那么明亮，也比摸黑要强。"

晋平公大彻大悟，点点头说："你说得太对了，的确如此！我有信心了。"

晋平公从此开始了晚年的求学路。

是的，"为什么不把蜡烛点起来呢？"无止境地学习，是每一个智者所必需的。人生只有懂得不断点亮自己心中的蜡烛，才能不断充实自己，人生才会得到升华。

人生的成功是要持续不断地努力，所以我们一定要不断学习，充实自己的头脑。从自身讲，学习是对精神的充实，在学的过程中，我们会思考，在思考的过程中，人性会得到升华。在我们短暂的一生中，需要凸显自己的价值。年轻时，学是为了理想，为了安定；中年时，学是为了补充，补充空洞的心灵；老年时，学则是一种意境，慢慢品味，自乐其中。"活到老，学到老"，平凡的一句话，是做人的大意境。正如罗曼·罗兰所说："人类的使命就是自强不息地追求完美，是的，人类就是不断地挑战自我，以获得人生真正的真谛。"

❖智慧典藏❖

古人云："耳读书而聪，目读书而明，心读书而一，神读书而注，凝读书而遍，虑读书而莹，饥读书而饱，困读书而醒，愠读书而吉，愤读书而平，噫，余白首未闻道兮，唯读书以毕此生。"学习是无止境的，人生只有用知识实现梦想，用读书寻找乐趣，用知识创造生活，你的人生才会竖立起永不沉沦的风帆。

有则改之，无则加勉

——知己不足，勤于改过

自古以来，圣贤君子认为能勇于改过是做人的第一大义。人非圣贤，孰能无过，过而能改，善莫大焉。老人言，"有则改之，无则加勉"，这是老人修身的名言，至今天读来仍是至理名言。知己不足，勤于改过，是人生的必修课。人只有通过改正错误，才能不断完善自己，进而走向成功。

一位成功人士说过："一个人如果想永远不犯错，最好的办法就是永远不做事情。"犯错是成长的基石，一个人如果不敢犯错、害怕犯错，那么，他便很难认清楚自己的优劣，也很难成长。这句话绝非是纵容人们去犯错，而是告诫人们要以正确的态度去看待自己的错误，犯错后及时反身，勇于更正自己，从错误中汲取经验教训，从而使自己不断走向卓越。

子贡说："君子之过也，如日月之食焉；过也，人皆见之；更也，人皆仰之。"人非圣贤，孰能无过，但是，"言者无罪，闻者足戒"。不管是大缺点或者是小错误，我们都应该接受这"知无不言，言无不尽"的劝诫，"有则改之，无则加勉"。

《世说新语》中有则周处知错就改的故事。

周处年少时，为人凶暴强悍，任性使气，乡里人都认为他是一大祸害。另外，乡里的河中有一条蛟龙，山上有两只猛虎，都来祸害老百姓，因此，乡里人把他们叫作"三害"，而这"三害"中，周处最为厉害。

一天，有人怂恿周处去杀蛟龙和猛虎，实际上是希望周处被蛟龙和猛虎吃掉。为了彰显自己的能力，周处同意了乡里人。不久，周处就取了两只老虎的性命。此后，又下河斩杀蛟龙。蛟龙在水里游来游去，不好斩杀。周处与蛟龙一起漂游了几十里远。经过了三天三夜，乡里人都认为周处和蛟龙都已经死了，大家在一起互相庆祝村里少了三害。

周处终于杀了蛟龙，上了岸。他听说乡里人以为自己已死，而为此庆贺的事，才知道乡里人都认为自己是祸害，于是就有了悔改的心意。

后来，他去吴郡求教于陆清河和陆平原。可当时陆平原不在，只见了陆清河，他就把全部事情告诉了陆清河，并说自己想改正错误，但是岁月已经虚度了，害怕自己不会有什么成就。陆清河则劝慰他说："古人认为哪怕是早上明白了道理，就算是晚上死了也甘心了，何况你前途还是有希望的，并且人就害怕不能给自己立下志向，只要立了志，为什么还担忧美好的名声不显露。"

周处听后，于是改过自新，发愤图强，最后成为了一位远近闻名的人。

犯错误不要紧，知错就改最重要。卡莱尔说："人最大的过失，便是不知有错。"我们应该"静坐常思己过"，也该虚心接受别人的批评和规劝。"良药苦口利于病，忠言逆耳利于行。"即使是再难移的本性，我们都应该学习古人那样"纳谏除弊，修明政治"。

正如歌德所说："谬误和真理如同睡眠和觉醒一样是相反相成的。我曾注意到有人一旦从错误中醒悟过来，就像睡醒一样又精神焕发地转向真理。"每个人的一生中都会犯各种不同的错误，可正因为这样，我们才会成长、成熟。我们在错误中得到了学习，我们在错误中取得了成功。

史蒂芬·葛雷是当代著名的科学家，他诚实的品格和认真的工作态度广受业界的推崇。曾经有记者去采访他，问他："为什么对待工作如此地严谨、认真，而且比一般人更为努力地进行各种尝试？"

史蒂芬·葛雷的回答非常地不可思议。他回答说："这与我2岁时的一次生活中正确对待错误经验有关。"记者感到很纳闷，"2岁时的生活中正确对待错误经验会影响他的一生？"

"不过，这确实是真的！"史蒂芬·葛雷为记者解除了心中的疑惑。

史蒂芬·葛雷说道："2岁时，我曾尝试着从冰箱里拿出一瓶牛奶，以前这事都是妈妈帮我做的。这次，为了证明一下自己的实力，结果瓶子很滑，我没拿住，一不小心就掉在地上了，牛奶洒得满地都是。我心想，这次真的完了，妈妈一定会骂我。可是，出乎我意料的是，妈妈听到声音，到厨房后，发现满地是牛奶，不但没有大呼小叫，反而，她说：'哇，史蒂芬·葛雷你太能干了，竟然能把奶瓶摔成这样，我还没见过这么大的奶水坑呢！在我清理它们之前，你要不要在牛奶里玩几分钟？'这可把我高兴坏了。我还从来没在牛奶里玩过。不一会儿，妈妈把牛奶清理干净了，对我说，'史蒂芬，你拿奶瓶的实验错误了，让我们一起来看一看，你为什么拿错了吧。你拿个瓶子装满水后，再看看用手能不能拿得动。想一想，这么拿，才最省力。'后来，我发现，如果用双手抱住瓶子，它就不会掉了。多年后，我对自己说，不要害怕错误，错误是学习的好机会。"

犯错误并不可怕，可怕的是不敢犯错误、害怕犯错误。人生最有价值的错误莫过于："前车之鉴，后事之师。"改正错误不是最终目的，积累错误，整理错误，分析错误，改正错误，最终的目的就是从错误中汲取经验教训，然后使自己不断成长，从而实现自己的价值。

俗话说："吃一堑，长一智。"没有谁会不犯错误，所以永远不要害怕犯错误。只有什么都不去做才会不犯错误，想要成功一定会犯错误，只要勇敢面对错误并改正错误，直到少犯错误，几乎甚至不犯错误，那么，成功就会向你走来。

◄«智慧典藏»►

陆宣公说："聪明的人改过就迁向于善，愚笨的人耻于过而趋向是非。迁向于善则德行日新，趋向是非则罪恶日积。"在日常生活、工作中，对待错误，切莫文过饰非，讳疾忌医，要做到：早知道，早改过，才能轻装上路。

学好三年，学坏三天

——懂得自察自省

心如平原走马，易放难收，人要从一个坏人变成一个好人需要很长的时间，而从一个好人变成一个坏人却只需要很短的时间。正如老人言："学好三年，学坏三天。"真正的智者在任何情况下都懂得自察自省，修正自己的内心，不断更新自我。

在广衰无垠的非洲大草原上，生活着羚羊和狮子。一天清晨，羚羊从睡梦中醒来，它想的第一件事就是，我必须比跑得最快的狮子还要快，否则，我就会被消灭。而狮子也同时在想：我必须比跑得最快的羚羊快，否则我会被饿死。

这则寓言告诉我们，人要懂得不断淘汰自己，每天更新自己。年轻人就如同生长在非洲草原上的羚羊，你不想被凶悍的狮子吃掉，你就必须意识到每天面临着威胁；即使你很强大，你也要不断提升自己，否则总有一天会被别人超越。

自察自省，是一种优秀的品质。只有时刻自察、反省的人才能够进步。自察自省也是一种学习能力的体现，自察自省的过程是学习的过程，也是改善自己的过程。如果你每天能够不断地自察、反省自己，并努力寻求改正的办法，就是使自己不断地成熟起来，最终走向成功。大凡成功者，都把自察、反省作为前进的重要手段。

在奋斗的道路上，如果我们能够时刻静下心来自察、反省一下自己，又何愁不会进步呢？年轻人，如果你想做出一番大成就，获得成功，就必须在平日里多自察、反省一下自己。客观地自察、反省自己，才能避免犯更多的错误，才能让自己在成功的道路上越走越远。

孔子曾说："吾日三省吾身。"这是圣贤的修身养性之道。深刻提醒自己，检省自己的言行。反省是提高自我认识水平进步的动力，是对自我的言行进行客观的评价，认识自我存在的问题，修正偏离的行进航线。

很久以前，在一片大森林里，生活着一群熊。有一天，这片森林被雷电焚烧，为了生存它们不得不向外迁徙。其中一部分来到了北极，迫于生活，它们逐渐改变了原有的生活习惯，学会了在冰冷的海水捕食鱼虾，继续繁衍后代，并且身体比以前更结实、更凶猛，它们就是现在的北极熊。

而另一部分熊来到了生活条件相对舒适的盆地，可它们发现这里的肉食动物太多太厉害，自己根本无力跟它们竞争。为了避免竞争给它们带来的威胁，它们决定改吃竹叶。由于没有其他动物和它们竞争，渐渐地，它们变得体态臃肿，思维迟钝，这就是现在濒临灭绝，靠人类帮助才免遭灭亡的大熊猫。

在机遇面前人人平等。如果不主动地去竞争，不断去更新，迟早也会是大熊猫一样的遭遇。对于年轻人，面对每年高学历的学弟学妹们"虎视眈眈"的样子，原地踏步只能是死路一条。不反省不会知道自己的缺点和过失，不悔悟就无从改进。要把反省自己当成每日功课。

从前，有个部落首领，一次被叛军打败。部下很是不满，要求再一次对叛军进行攻打，但是部落首领却说："不必，我兵比他多，地也比他大，却被他打败了，这一定是我德行不如他，带兵方法不如他的缘故。从今天起，我一定要自我反省，努力改过才是。"

从此，他每天夙兴夜寐，粗衣素食，关心百姓生活、生产，敬贤重士，选拔人才。过了一年，叛军首领知道了，不但不敢来侵犯，反而投降了。

金无足赤，人无完人。人总会有个性上的缺陷、智慧上的不足，而年轻人更缺乏社会历练，常常会说错话、做错事、得罪人。反省是砥砺自我人品的最好磨石，它能使你的想象力更敏锐，它能使你真正认识自我。

时代的步伐永不停止，生命的长河奔流不息。新时代是一个高速的信息时代，新旧交替日益加剧。那么，作为年轻人，你们也应每天淘汰、更新自己，它会给你丰富的学识、充实的生活、成功的事业。

"人，若是能养成每天读10分钟书的习惯，20年后，必判若两人。"耶鲁大学校长海德雷说。若想在这个千变万化的社会中立足，就必须每天注入新鲜的血液，在新时代的浪潮中乘风破浪；每天淘汰自己，让自己充满正能量，使你在茫茫人海中崭露头角。

◆智慧典藏◆

自察自省，肯修人生，人生便会不一样。

竹有节，人有志

——人的可贵在于有"志气"

鹰击长空，是因为志在蓝天；志存高远，人牛才会绚烂辉煌。老人教导我们说："竹有节，人有志。"竹子的可贵在于有气节，人的可贵在于有志气。无节之竹如同柳絮，随风摆动，终无生根之日；无志之人就如同行尸走肉，没有了精气神，将一世碌碌无为。人活着一定要有志气。成大事者，需先立志，才能与成功相约。

"志气"顾名思义就是"志向、志愿、志趣"和"气概、气度"。刘秀说："有志者事竟成。"王阳明："志不立，天下无可成之事。"诸葛亮说："夫志当存高远，慕先贤，绝情欲，弃疑滞，使庶几之志，揭然有所存，恻然有所感；忍屈伸，去细碎，广咨问，除嫌吝，虽有淹留，何损于美趣，何患于不济。若志不强毅，意不慷慨，徒碌碌滞于俗，默默束于情，永窜伏于平庸，不免于下流矣。"人生一世，要想成就一番事业，必先立志。反之，胸无大志，枉活一生。

秦王嬴政，胸有雄心大志，立志吞并六国，才能金戈铁马，所向披靡，铸成千古伟业；越王勾践背负国仇家恨，决心忍辱负重，才能苦尽甘来终为一代霸主；高主刘邦，心中豪情万丈，誓要一统中原，才能斩蛇起义，垓下败楚，开汉四百基业。有志气，即使折断的羽翼蘸满了生活的艰辛，仍能看见一个飞翔的身影；有志气，纵然渗血的伤口饱经岁月的洗礼，仍能描出一个驰骋的英姿；有志气，就算破碎的希望沾染了世态的阴霾，仍让我们保留一个憧憬的心灵。

李比希（1803—1873），德国著名化学家。在他上小学时，有一天，任课老师问他："你有什么梦想吗?"李比希从座位上不慌不忙地站了起来，响亮地回答道："我的梦想就是一名化学家。"话音刚落，全班同学哄堂大笑。然而，就是这个被人取笑的孩子，他一直坚持自己的梦想，坚持不懈地向着自己定下的目标前进，终究成为了著名的化学家，获得了诺贝尔化学奖。

俄国著名化学家布特列洛夫（1928—1986），从小就对化学特别感兴趣，经常私自在学校实验室里动手做实验。有一次，在实验的过程中发生爆炸，严厉的教导主任把他关进了禁闭室，他还在他胸前挂了一张牌子，上面写着"伟大的化学家"。可是，讽刺和惩罚丝毫动摇不了布特列洛夫从事化学方面研究的伟大志向。经过不断地探索和努力，他终于在33岁的时候，提出了有机化合物的结构问题的创见，被人们誉为"伟大的化学家"。他在接受媒体采访时，幽默地说："这个称号在 20 年前是对我的惩罚，现在却实现了。"

北宋诗人林逋在《省心录》里这样说过："心不清则无以见道，志不确则无以立功。"就是说人心里不清净就没法明白事理，要想成就一番事业就必须有远大的志向。给自己人生立个志愿，树个目标，脚踏实地，成功就会奔向我们。

美国数学家纳撒尔·鲍迪奇，从 10 岁起就到图书馆去刻苦攻读，博览群书，因而大器早成，14 岁时就成为了一名精通航海和天文的学者。

他立志要把自己的一生贡献给航海事业，自学了 50 多种语言，发现了当时航海权威穆尔的《航海实践》中 80 多条错误。经过多年实践，终于创造了"鲍迪奇航海法——依靠星体定位导航"。

人有志气、有理想才不会人云亦云、无方向感，才能踏上成功的殿堂，成就自己的辉煌人生，否则，最终只会落得两手空空而归，遗憾终身。因此，人要成就大事业，就必须先立志。

人的可贵之处在于有"志气"。自古以来，"立志"是中华民族修身的首要守则。我们生活在广阔的天地里，要想成就一番事业，需要经历无数的艰难困苦，狂风暴雨的洗礼，做一个有志气的人，向着属于自己的天地迈进，才能无愧于人世走一回。

小鹰问老鹰："怎么才能飞得高呢？"

老鹰望了望天空回答道："孩子，你只管往高处飞，别去看地平线在哪里。"

天下之事，成于有志，而败于自辍。人生一世，一定要有志气。

◀◀ 智慧典藏 ▶▶

　　有志气，才有追求。有志者，事竟成，破釜沉舟，百二秦关终属楚；苦心人，天不负，卧薪尝胆，三千越甲可吞吴。历史的经验告诉我们：有志者，事竟成，从今天起，做一个有志气的人吧！

第二章　幸福心理课

是非天天有，不听自然无

——将世俗的杂音予以抛弃

哲人说："如果你简单，这个世界就对你简单。"简单生活才能幸福生活，人要知足常乐，宽容大度，什么时候都不能想得复杂，心灵的负荷重了，就会怨天尤人。因此，想要幸福、快乐就要把每天都存在的是非流言进行删除，把是非流言从记忆中摒弃。不去听它，不去想它，这样我们就不会受到是非的困扰了。老人常说的"是非天天有，不听自然无"便是如此。

心灵原本是一片净土，但是却被越来越多的世俗杂音所污染，失去了原有的宁静。现实生活中，人们常常会被世俗的杂音所困扰，以致迷失自我，丧失了幸福。

人活于世，免不了有人会说三道四，身后也难免会有是非流言。置身于流言之中，每个人都可能会伤心、难过、烦恼。其实，只要你能够冷静下来，是大可不必的。因为很多时候，你所听到的"流言"只是你耳边的一阵风而已，它在产生的一瞬间便没有对错之分，如果你与其较劲，就是在拿别人的错误惩罚自己。

要知道，是非止于智者，很多流言是经不起推敲的。聪明的人，听到有关自己的"是非流言"时，只需将其搁置一旁不予理睬，一段时间之后，留言自然会烟消云散的。

佛陀得道之后，便有很多弟子来皈依佛陀的座下。佛陀带着这群弟子游化在恒河两岸，到处弘法利生。有一次，佛陀带着弟子到了王舍城，就在此住下，白天他们仍然过着以前的生活，大清早就必须外出化斋。可是，当其中一个弟子外出化斋时，看到城里的人都在交头接耳，议论纷纷，到底在议论什么呢？

经过打听，原来是怕佛陀和僧众进城。因为有这样的传言：佛陀所到的地方，许多优秀、颇有成就的青年或中年人都会被佛陀引渡出家。所以，有儿子的父母都很害怕儿子会出家；妇女也很害怕，害怕他们的丈夫会被引渡，一去不回，这传言给当地人带来了一阵不安。

因此，当僧人们去化斋时，当地的妇女或有儿子的人家都会把门给关上，而且像这样的情形越来越严重，以致这些僧人根本化不到斋。一天，佛陀的一位弟子终于忍不住了就告诉佛陀他们在城里所遇到的情况。佛陀就告诉弟子们说："只要我们行正、言正、言行合一，这种是非很快就会过去，不会超过七天。"弟子们听到佛陀这样说就很安心地继续去化斋去了。

经过七天，佛陀对弟子们宣讲四众弟子的法门：有出家弟子的规则，也有在家弟子应该受持的规则。大家听了以后才知道信佛不一定要出家，在家修行不必守出家的规矩，所以大家都放心了。

从此，是非流言就此消除，而且人们对佛陀更加敬仰，对僧人的供养也恢复了，在王舍城大家都很敬重三宝，并且确实奉行三宝的教法。

由此可知，现代社会，人与人之间充满了猜疑，人很容易听信流言，这就是"是非"易行的原因。而佛陀只抱持"行正、言正、心正"的态度应对，他不动声色、不管是非，"是非"自然消除。唯有如此，生活才会幸福快乐，而不会被卷入是非的旋涡中。

是非止于智者、不说是非、不听是非、不理是非、不传是非、不辩是非，只要我们做好自己，他人的流言蜚语，别听进去，左耳进右耳出，才是最好的选择。

他相貌丑陋，说话口吃，而且因为疾病导致左脸局部麻痹，嘴角畸形，讲话时嘴巴总是歪向一边，还有一只耳朵什么都听不见。人们在背后说他，讽刺他，都一致认为这个孩子将碌碌无为，只能在平庸中度过他悲惨的人生。

然而，这个孩子听完这些话总是左耳进，右耳出。为了矫正自己的口吃，他模仿古时有名的一位演讲家，嘴里含着石头来矫正自己的发音。看着嘴巴和舌头被石头磨烂的儿子，母亲心疼地告诉他："儿子，不要练了，妈妈会陪伴你一辈子的，不会让任何人欺负你。"他擦干妈妈脸上的泪水，对妈妈说："妈妈，书上说，每一只漂亮的蝴蝶，都是自己冲破束缚它的茧之后才变成的。我要做一只美丽的蝴蝶，所以这点苦我必须吃。"

后来，经过他的努力，他终于能流利地说话了。因为他的努力和善良，他大学毕业时，不仅取得了优异的成绩，还获得了很多朋友。

1993 年，他参加全国总理大选。然而，他的对手却利用他的身体缺陷来做文章。他们在电视广告上夸张他的脸部缺陷，说："你们需要脸部像这样的人来担任你们的总理吗？"但是，这种不善良，也极不道德，侮辱人格的攻击并没有击倒他。他不为这些是非流言所动。他仍然以"我要带领国家和人民成为一只美丽的蝴蝶"为竞选口号竞选总理。后来，他的成长经历被人们看到以后，大家都支持他，使他以高票当选为总理，并在1997年再次获胜，连任总理，人们亲切地称他是"蝴蝶总理"。他就是加拿大第一位连任两届的总理让·克雷蒂安。

让·克雷蒂安的成功经历告诉我们，只有抛开世俗的偏见，通过自身的努力，才能获得成功。世俗的杂音蒙蔽不了智慧之人的心灵，因为他们能及时抹去心灵上的尘埃，让心灵犹如明镜般，照出真正的自己。

是非，始于庸者，止于智者。说人是非者，必是是非人。过滤尘世的杂音，抹去心灵的尘垢，倾听沉淀在内心最深处的声音，不被他人的流言蜚语所左右，生活就会过得踏实、自在和幸福。

智慧典藏

行正、言正、心正，仰无愧于天，俯无愧于地，行无愧于人，止无愧于心，生活才会幸福、快乐。

得之我幸，失之我命

——不要太在乎得失

人生匆匆数载，为什么我们不能洒脱浪漫，快快乐乐地活着呢？是的，人生苦短，就应该让自己开心地度过每一天，太在乎得失成败只会让自己陷入苦闷的泥沼而不能自拔。因此，当我们陷入无尽的痛苦、烦恼时，请记住老人的这句话，"得之我幸，失之我命"，与之共勉。

古人说："得之淡然，失之泰然。"不要因为得到了自己想要的东西就欣喜若狂，也不要为失去某物而愤愤不平。要知道，有所得就有所失，而有所失就有所得。泰然面对得与失，人生就会幸福、精彩。

赵朴初在遗作中写道："生亦欣然、死亦无憾。花落还开，水流不断。我兮何有，谁欤安息。明月清风，不劳牵挂。"人间冷暖常有，世事得失常存，何不放开胸怀，泰然处之。持有一颗平常心，坐看云起云落，花开花谢，一任沧桑，就能获得一份云水悠悠的好心情。做平常事，做平凡人，保持健康的心态，保持平衡的心理，以最美好的心情来对待每一天，那么每一天都会充满阳光，洋溢着希望。

战国时期，在长城外住了一位老翁。

有一天，老翁家里养的一匹马无缘无故走失了。在塞外，马是负重的主要工具，所以，邻居都来安慰他，这位老翁却很不在乎地说："这件事未必不是福气！"

过了几个月，走失的那匹马居然带了一匹胡人的骏马回家，这真的是赚了，邻居都来庆贺。这位老翁却说："这未必不是祸！"

几个月后，老翁的儿子骑这匹胡马摔断了大腿骨，邻居们佩服老翁的料事如神之余也赶来慰问，而这位老翁却毫不在意地说："这倒未必不是福！"

事隔半年，胡人入侵，壮丁统统被征调当兵，战死沙场者十之八九，而老翁的儿子却因为摔断了一条腿免征兵役而保住一条命。

塞上老翁泰然面对人生中的得与失，带来了生活中的和谐。

淡然宽怀看春秋，人生需要从容。路有升沉进退，人有悲欢离合。泰然，才能走远路，不怕万水千山；泰然，才能干大事，敢于倒海翻江，扭转乾坤；泰然，才能临危不乱，举棋若定，化险为夷；泰然，才能善待自己，善待生活，善待人生，善待生命。

云从容，才会有九天而落的雨；水从容，才一路逶迤，永不停息。泰然面对人生旅途中各式各样的小插曲：或喜，或悲，或惊，或诧，或忧，或惧，不以物喜，不以己悲。

有一个男孩高中毕业后没有考上大学，被安排在本镇的一所小学里教书，结果，没到一个月就回家了。

母亲安慰她："满肚子的东西，有的人倒得出来，有的人倒不出来。你不会教书不要紧，也许会有更适合的事情等着你去做。"

后来，这个男孩干过服务生，干过促销员，做过会计，但是无一例外都半途而废了。

然而，每次失败回家，母亲总是安慰他，从来没有抱怨的话。

40岁的时候，儿子做了聋哑学校的一名辅导员，后来又开办了一家残障学校，并且还在许多城市开办了残障人用品连锁店，有了自己的一片天地。

有一天，功成名就的儿子问母亲："那些年我连连失败，自己都觉得前途非常渺茫，可你为什么总对我那么有信心呢？"

母亲的回答朴素而简单："一块地，不适合种麦子，可以试试种豌豆；豌豆也种不好的话，可以种瓜果；瓜果也种不好的话，也许能种树木。终归会有一粒种子适合它，也总会有属于它的一片收成。"

从容是一种智慧、一种境界。它来自于心境的豁达与品质的笃定。生活中不要抱怨太多的曲折，大海如果失去了巨浪的翻滚，就失去雄浑；沙漠如果失去了飞沙的狂舞，就会失去壮观。当你走过风雨时，把自由的心灵放飞，让豁达宽容回归，从容地一路过去，鲜花的芳香就会在你的鼻边萦绕，华丽的彩蝶就会在你身边曼妙地起舞。

纵览古今，抱定"春有百花秋有月，夏有凉风冬有雪。若无闲事挂心头，便是人间好时节"这样一种生活信念的人，最终都实现了人生的突围和超越。要想事业成功，年轻人更该如此。

◈智慧典藏◈

得之淡然，失之泰然，人生就能幸福。

闲看庭前花开花落，漫随天外云卷云舒

——随缘而定、随遇而安

"宠辱不惊，闲看庭前花开花落；去留无意，漫随天外云卷云舒。"这是明代洪应明对随缘而定、随遇而安的一个最为形象的注解。人生的岁月，如海，有时风平浪静，有时惊涛骇浪；如路，有时一马平川，亦有时蜿蜒崎岖；如天空，有时艳阳高照，还有时狂风骤雨。面对这些，"随缘而定、随遇而安"，人生便会惬意。

俗话说"不如意之事十有八九"，在每个人的一生当中，凡事不可能一帆风顺，总会有无尽的烦恼和痛苦。人生遭际不是个人力量所能左右的。而在诡谲多变、不如意事常存的环境中，唯一能使我们不觉其拂逆而使得心情轻松的办法，那就是要做到使自己"随缘而定、随遇而安"。

从前，有个寺院里住着一个小和尚和一个老和尚。

一天，小和尚看到寺院后院有一块草地很枯黄，就对老和尚说道："这寺院荒废，我们可以撒些花种上去，这寺院就漂亮了。"

老和尚说："不用着急，等到来年开春的时候再去撒。"

冬天过去了，老和尚给了小和尚一些花种，小和尚愉快地答应了。不料，小和尚摔了一跤，将花种撒得满地都是。这时小和尚见状，着急了起来，忙拿着扫帚去扫，老和尚看见了便说道："没必要把它扫起来，随遇。"

突然，一阵风起来，地上的花种被风吹得满地都是，小和尚很是着急："怎么办，许多花种都被风吹走了。"

老和尚说："没关系，吹走的多半是空的，撒下了也不会发芽，你担心什么呢？随缘。"

小和尚看到这一切，为没能办好师父交代的事情，心中很是不快，晚上躺在床上，回想今天发生的事，深感懊悔。不一会儿，听到外面响起了雷声，一会儿天上下起了瓢泼大雨，小和尚的内心更加着急了。第二天，天还没亮，小和尚便跑到老和尚的房间，哭着对他说："师父，昨晚下了一场大雨把地上的花种都冲走了，这可怎么办呀？"

老和尚不慌不忙地对他说："不用着急，花种被冲到哪里就在哪里发芽，随安。"

不久以后，寺院中开满了各种各样漂亮的鲜花，小和尚高兴地告诉老和尚："师父，太好了，我种的花都长出来了。"

老和尚点点头，说道："随喜。"

随遇、随缘、随安、随喜，是对随缘的最好解释。可以说这四个"随"是我们人生的缩影，在遇到不同事情、不同情况的时候，我们需要"随缘而定、随遇而安"的心态，这样，可使烦恼如风卷残云，心如晴空朗月，我们的内心才是宁静的、惬意的和自在的。

一位作家曾写道："在人生里，我们只能随遇而安，来什么，品味什么，有时候是没有能力选择的。学会随遇而安，你能够轻松地挫败生活中许多看似不可战胜的困难。这是面对生活最为强硬的方式。"是的，面对人生的各种遭遇，没有必要委屈自己，也不必为之感叹、抱怨和痛苦，无论来去是否，无论漂泊到何方，任你红尘滚滚，我自朗月清风。人生本就很短暂，何不让自己活得洒脱自在些呢？

一户猎户住在山上，常常需要到山下的河边去挑水。

一次，他的水桶有点漏，桶里的水一滴一滴地往外流。过路的人看到此景，就提醒他说："你这么辛苦地下山挑一次水，但是水桶却是漏的，等你走到山上的时候，恐怕水也已经漏完了吧。为何不补一补再挑，你这样多浪费力气呀！"

这个猎户坦然一笑说道："没有浪费力气，你可以回头看一看，这水桶中漏的水不是都浇了这一路的花草吗？你瞧，它们长得多么漂亮啊！"

一切随缘，随遇而安，随缘自适，烦恼即去。"随缘而定、随遇而安"是对现实正确、清醒的一种认识，是对人生彻悟之后的一种通达，是"聚散离合终归缘"的达观，是"闲看花开花落"的超然，是"一蓑烟雨任平生"的从容。如果你时刻拥有一份随缘的心，就会发现，生活无论是阴云密布，还是阳光灿烂，内心总有一份超然的平静，总有一份恬静的洒脱和惬意。

"随"不是跟随，也不是得过且过、因循苟且，而是顺其自然，不怨恨、不怨怼、不躁进、不过度、不强求，把握机遇，不悲观、不刻板、不慌乱、不忘形，如此，可尽人事，听天命。

≪智慧典藏≫

宇宙人生因缘而和，缘聚而成，缘灭则散，只要不违天时，不夺物性，则能安身立命，随遇而安。

知足得安宁，贪心易招祸

——知足者常乐

"知足得安宁，贪心易招祸。"这是流行广远的一句老话。不要让心灵承载太多的负担，把自己的欲望降到最低点，把自己的理性升华到最高点，就是智者。仁者如山之安静，智者如水之不穷。不妄求，则心安，不妄做，则身安。问世间乐为何物，一切尽在知足中。

老子说："罪莫大于可欲，祸莫大于不知足；咎莫大于欲得。故知足之足，常足。"知足是快乐的基础，懂得知足，快乐的钥匙就在心中。

有一个富人乘船来到海边度假。这里住着一位以打鱼为生的渔夫，每天都会按时出海打鱼。一天富人在海边散步的时候恰好碰见渔夫从海中划着一艘小船靠岸，"船上好多大鱼呀！"富人对渔夫的捕鱼技术由衷地感叹。接着就问渔夫："你每天需要花多少时间才能捕到这么多的鱼呢？"

渔夫答道："一会儿工夫就能做到，不需要花费太多的精力。"

富人听完以后，愈加敬佩，笑着说道："那你为什么不再多捕一会儿呢？这样你就可以捕到比这更多的鱼了。"渔夫不以为然，说道："这些鱼已经足够我一家人一天的生活了，为什么要捕那么多呢？"

富人接着问道："你每天只花那么少的时间去捕鱼，那其余的时间你如何去打发呢？"渔夫答道："我每天的事情有很多啊，我每天一觉醒来，就驾着船出海捕鱼，然后回家，陪孩子玩玩，再睡个午觉，到黄昏的时候，我会到渡口的村子里找几个朋友一块儿喝点酒，再一起唱唱歌，这样的日子充满了快乐和幸福。"

富人听后摇了摇头，并且帮他出主意："我已经开了一家公司，现在做得还不错，我给你出一个能让你发大财的主意。你每天多花一点时间捕鱼，然后去卖，攒够钱后买一条大一些的渔船，到时候你就可以拥有一个渔船队。你直接把鱼卖给工厂，这样你就可以挣到更多的钱。到时候，你就可以拥有自己的渔场了。这样你就可以彻底享受富人的幸福生活了。"

渔夫问："我达到这些目标需要花多少年呢？"

富人说："大概十年到十五年。"

"然后呢？"渔夫接着问。

富人说："然后？然后你就会更有钱，或许会成为百万富翁呢！"

"那么，再然后呢？"

富人说："那你就可以退休了，你可以搬到海边的小渔村去住，享受清新的空气，每天一觉醒来，出海抓几条鱼，回去和孩子们玩一玩，然后睡个午觉。黄昏的时候，约几个朋友出去喝点小酒，再唱唱歌。"

渔夫听完，非常疑惑地说："我现在的生活不就是这个样子吗？为什么还要花那么多的时间去折磨自己呢，况且那些都还是没谱的事。"

富人听后无话可说。

乐天安命无挂碍，万事知足得自在。如果你感到此刻自己是幸福的，又何必苦苦奢求那些劳累人心的妄想。每个人都有欲望，都想过美满幸福的生活，都希望丰衣足食，这是人之常情，但是，如果把这种欲望变成不正当的欲求，变成无止境的贪婪，那我们就会无形中成了欲望的奴隶。因此，我们在日常生活中，就应该减少许多执着和贪恋。因为无尽的欲望到头来注定都是一场空。为一个个虚幻无常的"无所有，不可得"，而夜不能寐，食不甘味，人比黄花瘦，真是可怜之至。

华智仁波切说过："有一匹马，就有一匹马的痛苦；有一只羊，就有一只羊的痛苦；财富越多，痛苦就越大。所以凡事要学会知足。知足的人，胸怀就坦荡，没有欲望和烦恼，这是超越时间的一种安乐的境界。"知足者常乐，不知足者常忧。在知足者心中，生活处处充满乐趣，然而在不知足者的眼里，总会发现生活不幸福的地方。

从前，有一位漂亮的姑娘与一位穷小子结了婚，婚后，两人的生活虽然清贫，却很幸福。有一天，这位姑娘认识了一位帅气富有的年轻人，年轻人的甜言蜜语打动了她，于是这位女人决定跟他交往。一段时间后，年轻人对这位女人说："我们这样天天担惊受怕，不如离开这里，到新的地方重新开始我们的幸福生活。"

听了对方的话，女人觉得很有道理，她早已经受够了这样的生活，就趁丈夫外出的时候，将家里所有的值钱东西拿走了，她并去跟年轻人相约的地方与他会合。这位富有的年轻人对她说道："我不想让你跟着我受苦，你先把东西给我，等我到了一个地方，安顿好之后，就回来接你。"

女人同意了年轻人的话，将身上所有的财产给了他，自己只是傻傻地等待。一天、两天，一个月、两个月，三个月过去了，年轻人就这样一去不回了。这个女人在外面又饿又冷，但是又不敢回去。

有一天，女人走在大街上看见一只猫嘴里衔着一只大鸟从她面前走过，那只大鸟还在拼死挣扎。谁知那只猫跑到水边看见水里游的鱼儿，于是，将口中的大鸟放下，立即去河中追鱼。结果鱼游走了，大鸟也飞了。

女人看了，忍不住对猫说："你真傻，你已经有一只那么大的鸟了，居然放弃而去追鱼，结果鱼与鸟都没得到。"那只猫大笑地对她说："我的傻，只不过让我挨一顿饿，而你的傻，却误了你的一生！"

此时，这愚昧的女人才如梦初醒，懊悔地自语道："我居然为了那种人放弃了原本爱我的人，毁了我一生的幸福，这难道不是自己的贪欲之心害的吗？"

欲望是人生痛苦的根源，欲望越多的人，贪心就越重，越容易患得患失。这个女人的经历告诉我们"知足者贫穷亦乐，不知足者富贵亦忧"的道理。欲望，让她失去了自己的幸福。欲望如数，生生不息，永无止境，令人疯狂不止。过多的欲望只会束缚你的心灵，成为心灵的负累。人生常常感到不快乐、不幸福，都是由内心的欲望所生。要想让自己获得幸福快乐，就要经常地修剪内心的欲望。

　　春华秋实，夏霖冬雪，知足，是快乐、幸福的源泉。我们要拭去落在心灵上的灰尘，看淡名利、物欲，这样才能始终保持宁静的心，品尝来自内心的沁人心脾的馨香。

智慧典藏

　　生活中，我们之所以不幸福、不快乐，是因为我们内心的欲望太多。我们不断地追求外界的物欲，认为只有拥有更多的财富，才是真正获得幸福、快乐的生活，殊不知，幸福与财富并没有多大的关系，完全是内心的一种感受。

开心是一天，不开心也是一天

——快乐其实就在心中

　　老人言，"开心是一天，不开心也是一天"，这其中饱含着深厚哲理。有人曾说："人生以快乐为本，没有快乐，我们的人生便是暗淡无光的。"人有避苦趋乐的本性。追求快乐是我们的本性，同时快乐是人毕生所追求的东西，生活中，我们经常苦苦地追求快乐，希望自己得到快乐，然而快乐从何而来呢？

　　佛家说："甜也乐乐，苦也乐乐；忙也乐乐，闲也乐乐。"是的，我们每个人都可以找到一万个理由去诠释快乐。有人说快乐离自己很远，而我说快乐无处不在。快乐是一种很直观的情绪，是大自然赋予生命的最单纯的情感。它是一种人的天赋本性，是人与生俱来的宝藏。快乐不需要任何理由，它由自己创造，自己就是快乐的源泉。

在美国有一个天生都很乐观的人，从不拜神，相信快乐由自己创造。由于神的权威受到了挑战，神很不开心。在他死后，神为了惩罚他，把他关在了一个伸手不见五指的地方。七天后，神去看他，发现他没有什么变化，还是跟从前一样开心、快乐。于是，神问他："身处如此黑暗的地方七天，难道你一点也不害怕。"这个人说："怕什么，待在这里，我想起了我小时候跟玩伴一起探险的日子，那段日子是我最快乐的日子，现在想起来，难道不开心吗？"

神不甘心，便把他关在了一个很热的房间里。七天过去了，神看到这个人依然很开心，便问他："这次为什么你会开心呢？"这个人回答："待在这间房子里，我便想起在公园里晒太阳的日子，当然十分开心啦！"

神还是不甘心，便把他关在一间又湿又冷的房间里。七天又过去了，这位快乐的人仍然很高兴，这时神更加困惑了，便说："如果这次你能说出一个让我信服的理由，我便给你自由。"他说："待在这又湿又冷的房间里，我想到了圣诞节马上就要来了，每年圣诞节我都能收到很多礼物的，能不开心吗？"

神无话可说，只得把他放了出来，给他自由。

快乐由心生，即使别人找你的不自在，你仍然可以找到快乐的理由。一个人是否快乐，不在于拥有什么，也不在于你处于什么环境。乐观的人，能让沉重的生活变得轻松；豁达的人，能让苦难的光阴变得甜美。

快乐并不来自于金钱、物质、地位、名利。快乐只是一种感觉、一种心境、一种心理上的满足。快乐没有那么复杂，快乐也没有那么遥远，快乐就在我们的身边，在我们的心中，只要我们愿意，快乐随时降临。

快乐，是一种过程，需要用心去感悟。时常保持心理的平衡和心灵的安宁，我们才能快乐地活着。古印度有一句古老的哲理说："上帝把快乐的秘密藏在我们的心里。"快乐根本无须我们苦苦追求，它永远珍藏在我们的心中，靠我们自己去品味和把握。而现实生活中，很多人却刻意地、费尽心思地去追逐快乐，却不知道快乐其实就在我们身边。

一个烦恼少年四处寻找解除烦恼的方法。有一天，他来到广阔的草原上，看见一位正在放羊的牧童，悠闲地吹着横笛，逍遥自在。

少年十分羡慕，于是走上前去询问："你能教我解除烦恼之法吗？"

"解除烦恼？你学学我吧，坐在地上，看着蓝天，吹吹笛子，什么烦恼都没了。"牧童说。少年试了试，不灵。

于是，少年继续往前走。走着走着，不觉来到了一条小河边。岸上垂柳成荫，一位白发苍苍的老者坐在树荫下，正在垂钓。他神情怡然，乐在其中。

少年十分羡慕，走上前去询问："请问，您能赐我解除烦恼之法吗？"

老者看了看忧郁的少年，慢慢地说："来吧，孩子，跟我一起钓鱼，保管给你解除烦恼。"少年试了试，不灵。

于是，他又继续寻找。不久，他来到了一棵树下，看见一位智者正在打坐。于是，问道："我是来请教如何去除烦恼的，您能告诉我吗？"

智者没有回答，只是笑了笑，随手从地里拔了一株小草，递给少年，说这是一株去忧草。

少年很是疑惑，便问："师傅，这株小草，能解除人的烦恼，使人快乐?"

"当然。"智者说。

"可以送给我吗?"

"当然。不过快乐不能仅凭借这株小草，关键是要具备快乐的根本条件。"

"埋在泥土中的根吗?"少年问。

"不，埋在心中的根。"智者说。

快乐就藏在我们身边。属于自己的快乐，不需要苦苦追求，而是一双发现快乐的眼睛和善于体会快乐的心。生活中处处都飘散着快乐的歌声，哪怕只是一杯冰茶、一碗稀粥，或是一轮美丽的日落，都能够给人带来幸福、快乐的感受。只要懂得欣赏，用心去寻找，幸福就在身边，生活的点滴中处处流露的都是快乐的滋味。

❖智慧典藏❖

老人常说，"开心一天是过，不开心一天也是过"，既然如此，你是你人生的作者，何必把剧本写得苦不堪言呢? 快乐的秘诀很简单：敞开你的心扉，收紧你的欲望，只要懂得欣赏，用心去寻找，快乐就在身边。

送人玫瑰，手有余香

——世界上最幸福的莫过于施与

施与，是黑暗中的一盏明灯，给人带来光明，同时也给自己指引方向；施与，是冬日里的一把火，给人带来温暖，同时也温暖了自己的心田；施与，就像沙漠中的一股甘泉，在滋润他人心田的同时也能够将甜味永远留在心中。老人言："送人玫瑰，手有余香。"我们在给予别人的同时，自己也会有收获。

莎士比亚曾说："慈悲不是出于勉强，它像甘露一样从天而下降到尘世，它不但给幸福于受施的人，也同时给幸福于施与的人。"尼采也说："当我帮助受苦者的时候，我就是洗净了我的双手；同时也是揩净了我的灵魂。"周国平说："就像使沙漠显得美丽的，是它在什么地方藏着的一口井，由于心中藏着永不枯竭的爱的源泉，最荒凉的沙漠也化作了美丽的风景。"心怀天下，博爱众生，我心所向，才能与众乐乐。施与能化解人间一切冰冷，让人处处充满温馨。可以说施与是获得幸福、快乐的最简单的、最有效的方法。

人生最大的幸福、快乐莫过于施与。施与不仅可以给你带去阳光和快乐，也能让自己获得平静、幸福和快乐。

从前，有一位活泼可爱的小女孩经过一片草地时，看到一只美丽的蝴蝶的翅膀被荆棘所伤，飞不起来了。这位善良的小女孩就小心翼翼地拔掉蝴蝶翅膀上的刺，并将它放回大自然中。蝴蝶在临走之时，告诉小女孩，为了感谢她的救命之恩，蝴蝶决定满足她一个愿望。

小女孩眨着眼睛，想了想，说道："我希望自己可以永远得到幸福、快乐。"于是，蝴蝶就飞到她的耳边，轻声地告诉她一番，然后就飘然离去。

果然，从此以后，小女孩每天都是幸福、快乐的，一直到老。后来，很多人问她，并且哀求她："请告诉我们吧，蝴蝶到底告诉了你什么方法，让你如此幸福、快乐地度过了一生。"

当年的小女孩已变成了一个老太太，她听完人们的话，笑了笑说："施与、关怀他人就能得到幸福、快乐。"

雨果说："善良的心就是太阳。"罗曼·罗兰说："灵魂最美的音乐是善良。"与人为善，一心向善，我们的一生会幸福美满。

爱的力量是伟大的，有了爱，才让全世界充满了温情，让人们的心柔情似水，让百炼钢化为绕指柔。只有博爱的人才能达到真善美的境界，体会到幸福和快乐的真谛。

慈悲是幸福、快乐的源泉。慈悲的人，能够得到生活的回报，能够真真切切地感受到生活的美好，过好生命中的每一天。处处行善，乐于施与的人就像是在"福报"的银行中不断地储存，越存越多，最终成为大福报的人，也会成为世上最幸福、快乐的人。因此，可以这么说，是慈悲造就了人类的伟大，同样也是慈悲成就了我们当下的生活，它能够带领我们走出痛苦的泥沼，走向快乐的新园地。其实我们每个人都有属于自己的一首慈悲之歌，只要高声地吟唱出来，必定犹如天籁之音，响彻宇宙。

有一个盲人住在一栋楼里，每天晚上他都会到楼下花园去散步。奇怪的是，不论是上楼还是下楼，他虽然只能顺着墙摸索，却一定要按亮楼道里的灯。

一天，一个邻居忍不住，好奇地问道："你的眼睛看不见，为何还要开灯呢？"

盲人回答道："开灯能给别人上下楼带来方便，也会给我带来方便。"

邻居疑惑地问道："开灯能给你带来什么方便呢？"

盲人答道："开灯后，上下楼的人都会看得清楚些，就不会把我撞倒了，这不就给我方便了吗。"

邻居这才恍然大悟。

慈悲之心犹如一盏明灯，照亮别人，也在温暖自己。正如著名的文学家爱默生所说："人生最美丽的补偿之一，就是人们真诚地帮助他人之后，同时也帮助了自己。"帮助别人就是在人间播撒爱的种子，是栽培鲜花的行为，当花开之后，就会香遍天涯。

◆智慧典藏◆

世界上最美丽的莫过于付出，它可以净化人的心灵，让自己更快乐和幸福。有时候，一个发自内心的小小的善行，就能够铸就大爱的舞台。

既来之，则安之

——心随物动，一切顺其自然

"既来之，则安之"出自《论语·季世》："夫如是，故远人不服，则修文德以来之。既来之，则安之。"原意是指已经把他们招抚来，就要把他们安顿下来。后指既然来了，就要在这里安下心来。延伸为，安于现状，一切顺其自然。它是一种对待生活的态度和心境；一种豁达的心胸，一种智慧的感悟。

曾经读过这样一则故事：

有一只狗的肚皮被荆棘划伤了，很疼。它为了博取别人的同情，逢人就会扒开自己的肚皮给人看它的伤口，每个人见到它都表示非常地同情，安慰它、鼓励它……可是，后来，伤口越扒越开，最后伤口暴露在空气中，导致伤口发炎、腐烂，最终它也一命呜呼。起初，仅仅是一个小小的伤口，它竟因此而毙命。试想，如果它不是逢人就扒自己的伤口，而不去理它，或许伤口早已经痊愈了，可它一直都很在意，不停地提醒自己的伤口疼痛，就有可能导致原本微小的伤口恶化，伤痛加剧，导致不好的后果。

生活中，其实很多人就是这样，总喜欢纠结于自己小小的伤口，像这只小狗一样，终日自怜自爱把自己放在被怜悯的位置上，结果总是令人惋惜，但如果抱着"既来之，则安之"的心态，心随物动，一切顺其自然，或许会有好的结果。

人生路上，虽有精彩，但更多的还是挫折和痛苦。一如海上的波涛，少有平静，而更多的是波澜壮阔、直冲云霄，又如变化多端的天空，少有晴空，但更多的是乌云密布，雷雨交加。生活就是这样，既然我们无法去改变事实，那么为什么我们不会接受它、感受它呢？日常生活中无论天空中是阴云密布，还是阳光灿烂，但当我们力所不能改变的时候，与其忍受煎熬，怨天尤人，不如面对现实，随遇而安。因势利导，适应环境，从既有的条件中，尽自己最大的努力和智慧去发掘生命中的乐趣，从容地从不如意的环境中去发掘新的前进道路，才能够迎来柳暗花明的前景。

"今年花胜去年香，明年花更满园香。"花曾经开过，也会凋谢，但来年又会继续绽放，这是自然规律，所以我们不必抱怨许多的美丽从我们的指尖滑落，不必在花开花落时伤感难过。"夕阳无限好，只是近黄昏"，夕阳是动人的，那么我们何须惆怅近黄昏呢？一切出于自然，那么，就再回归自然吧。

英国著名的历史学家阿诺德·约瑟夫·汤因比，醉心于古文化的研究。他曾写信告诉他们的朋友说："如果我可以选择出生的时代与地点的话，我愿意出生在公元1世纪的中国新疆，因为当时那里处于佛教文化、印度文化、希腊文化、波斯文化和中国文化等多种文化的交汇地带。"

他的朋友在写给阿诺德·约瑟夫·汤因比的信中这样写道："你写信对我说，你愿意生在公元1世纪的中国新疆……伊雷娜则对我肯定地说过，她宁可生得晚些，生在未来的世纪里。我以为，人们在每一个时期都可以过有趣而且有用的生活。"

境由心生，快乐完全依靠自己决定。美好的生活不需要我们不想象，只要学会万事随缘，顺其自然，随遇而安，行到水穷处，坐看云起时，人生便是平静和恬淡的。

总之，"既来之，则安之"，是一种豁达的人生态度，是一种人生智慧。它不仅是智者对待生活的态度，更是我们快乐人生所需要的一种精神。但心随物动、顺其自然，并不是消极地等待或者看待事物，也不是任意听之任之，而是一种生活积极的态度和心境；一种豁达的心胸，一种智慧的感悟。学会顺其自然的人不会去苛求自己，不去勉强自己，不去折磨自己；面对生命中的得与失、取与舍、丑与美、贫与富、大与小，坦然面对，泰然处之，对待一切不怨恨、不强求、不悲观、不恐惧、不忘形、不浮躁，一切顺其自然，在短暂的人生里我们会活得悠然自在。

智慧典藏

有人说："有缘即往无缘去，一任清风送白云。"的确，大千世界，万事万物都无外乎一个"缘"字，"有缘千里来相会，无缘对面不相识"。既然如此，我们何不随缘？让一切顺其自然。既然来了，你又何必要走呢？

人比人，气死人

——比较＝烦恼

"人比人，活不成"，是老祖宗为我们留下的至理名言。这既是他们生活经验的总结，也是他们人生智慧的结晶。人正是因为在人群中习惯了仰视，所以才滋生出许多烦恼来。比较是烦恼的墓志铭。人一比较，就会烦恼。每个人与每个人之间都是不一样的，人人都有自己的优点，况且"好"只是相对的，只要把握好当下，谁都拥有属于自己的幸福，为何要比来比去，而徒增自己的烦恼呢？

人不快乐、幸福，不外乎三个原因：妒忌、羡慕别人、觉得别人对自己不好或对不起自己。而忌妒别人就是因为与别人比较而来的。现实生活中，对许多人而言，生命宛如一场比赛：从出生起，父母就拿自己与别人家的孩子比，比身高体重、比聪明美貌；上学后，比成绩名次、比文凭才华、比排行名校；出校门就业后，比薪资、比头衔、比房子；到了暮色年华、夕阳西下，比谁的墓碑豪华，比谁的墓碑壮观，比送葬人数多少……这是"比"的世界，活在这个世界上的人几乎都自觉不自觉、有意无意地陷进了比较的旋涡之中，比来比去，越比心理越不平衡、烦恼越多、越觉得自己不幸福。

无数的事实告诉我们，美好的生活是不应该在比较的天平上晃荡的。在比较中生活，我们就会增添许多的烦恼、痛苦、忧愁和折磨；而失去许多的平静、自在、惬意和快乐，甚至还会使人在"比"中堕落。

《圣经》中有一个著名的因"比较"而走入死胡同的人，那就是扫罗王。

扫罗王，称王四十年，原本骁勇善战的他，却是因为"比较"之心，而被伯利恒人耶西最小的儿子大卫所杀。当众妇女舞蹈唱和："扫罗杀死千千，大卫杀死万万"时，扫罗怒发冲冠，说："将万万归大卫，千千归我；只剩下王位没有给他了!"从那日开始，扫罗把忌妒的怒焰逼向大卫! 扫罗王开始追杀大卫，在追杀中大卫两次都可以随手杀死扫罗的情况下，都放弃了杀死扫罗的机会使得扫罗暂时后悔放弃追杀大卫。后来扫罗变本加厉要杀害大卫，于是大卫装疯来到非利士人的境地躲藏数年。扫罗王后来被大卫所杀，而大卫后来做了以色列国王。

仅仅因为千千与万万，使扫罗王闯了弥天大祸，引爆了大卫的忌妒与杀心。因为他的世俗之见正是将王位的得失和"千千与万万"的问题联系在一起的! 扫罗在这个"千千与万万"的问题上内心打了个死结，陷入了试探的网罗，又做了撒旦的俘虏。

扫罗王的结局无疑证实了"比"出来的烦恼和祸害。人生，很多烦恼都来自比较。其实，每个人都有属于自己的天地，每个人的天地都有值得炫耀的亮点；每个人都有自己的生活，每个人的生活都有独特的魅力。少一些比较，我们就少一份烦恼；多一些自赏，我们就多一份信心；少一些比较，我们就少一份浮躁；多一些自赏，我们就多一份快乐……

人生如梦，岁月无情。蓦然回首，才发现人活着是一种心情。穷也好，富也好，得也好，失也好。一切都是过眼云烟，我们为何要比来比去，而徒增自己的烦恼呢？

张丽和老公结婚五年了，经过省吃俭用终于买了一套房子。房子是他们精挑细选买下来的，房子不算大，但是夫妻二人都喜欢，交通方便，离学校近。交房后，夫妻二人就着手装修，一同买了自己喜欢的家具。一切完毕，一家人搬进去后，感到十分舒服。每天上下班，她的脸上都会洋溢着幸福的微笑与满足的感觉。

后来，没过多久，她的这种幸福的感觉却被朋友的另一套房子打碎了。原来，张丽同单位的一位好朋友最近也买了一套房。装修后，对方就打电话让张丽去她家观摩观摩。朋友的地段比自家的更好，交通方便，环境优美，而且房子特别大，里面的装修都是高档材料。张丽从朋友家回去后，脸上的笑容就消失了。她原本的幸福，被好朋友的"更好"的房子给冲垮了。从此，一天天地处在烦恼中。

"比较"的心理会冲击掉原来幸福的感觉，让人陷入无尽的烦恼中。要知道，幸福，首先是一种感觉到幸运所得到的福气，而且这种感觉属于一种持续的感觉。它并非来源于物质条件的极大丰富！其次，幸福不是用来炫耀的，也不是用来比较的，而是用来感受的。幸福如人饮水，冷暖自知，它不是一个遥远的目标，而是一个享受当下的过程。只要怀有一颗感恩生活、生命的心，幸福就无处不在、无时不有。记住：我们追求的是自己的幸福，而不是"比别人幸福"！

生活中，有一种很无奈又很难改变的现象——比较。不可否认，人是最喜欢比较的高级动物。比较之心，人皆有之。人们随时随地、有意无意都在与别人比较，与自己的过去比较。热衷比较是人类的一种自然反应，但这一比一较，就难免会发生"人比人，气死人"的事情来。它会使本来正常欢乐的生活凭空增添不必要的烦恼，导致对生活失去信心。正如有人所说："不是这个世界病了，而是这个世界上的人生病了。"

穷人有穷人的快乐，富人有富人的烦恼，贵人有贵人的焦虑。正如古人云："他骑骏马我骑驴，仔细思量我不如，回头看见推车汉，上虽不足下有余。"幸福就是一种感觉，喜欢和人比高低的人是永远都不会感到幸福的，反而会徒增烦恼，而让人失去快乐，与其这样郁郁寡欢地活着为什么不好好享受现在呢？

◄◄智慧典藏►►

这是一个"比"的世界，比较之心，人皆有之，可是有人在"比"中崛起，有人却在"比"中堕落！因此，"怎么比"是个问题，"比什么"更是一门学问。善于比较，才能减少烦恼，拥抱幸福。

第三章　思维智慧课

人有恒心万事成，人无恒心万事崩

——坚持就是胜利

"人有恒心万事成，人无恒心万事崩。"这是一句人们说了多年的老话。它告诉我们做任何事情都要有恒心，要懂得坚持，人生才会成功，反之，你将一事无成。人生要增长自己的力量，恒心最为重要。你有恒心，就能持久，你有恒心，就有力量。功亏一篑或半途而废，是不能成功的。所以，不管我们做什么事情，都要具有勇往直前的精神，不要遇到困难就后退。只要我们有信心、有激情、有目标，能够持之以恒地坚持努力，成功就会一步一步向我们走来。

金缨《格言联璧》说："日日行，不怕千万里；常常做，不怕千万事。"荀子《劝学》中言："骐骥一跃，不能十步；驽马十驾，功在不舍。锲而舍之，朽木不折；锲而不舍，金石可镂。"人贵在坚持。仰观宇宙之大，纵论古今名人，凡是功成卓绝之人，他们无不具有坚持的精神。人们常说："坚持就是胜利。"坚持是取得成功的必备要素。它犹如一条红线，贯穿了始终，是长久不变的意志表现。

英国作家J.K.罗琳，所创作的那个文质彬彬，充满才气，富有冒险精神，对朋友真诚、友善的小男孩以及伴着他那传奇的经历，征服了全球亿万读者。"哈利·波特系列小说"的成功不仅为J.K.罗琳创造了人气，而且还增加了收入，成了全球最富有的作家之一。而罗琳是怎样做到这些的呢？

和其他作家一样，年轻的罗琳酷爱写作，是一个天真浪漫、充满幻想的英语教师，平日里闲下来的时候就开始着手自己喜欢的写作。幸福的家庭，称心的工作都足以让罗琳满足。可是天有不测风云，让她没想到的是，甜蜜的家庭、美满的婚姻和理想的工作在一瞬间变成了昨日云烟。丈夫离她而去，工作也没了，身无分文，再加上嗷嗷待哺的女儿，罗琳一下子变得穷困潦倒。但是，家庭和事业的失败并没有让她打消写作的念头，用她自己的话说："或许是为了完成多年的梦想，或许是为了排遣心中的不快，也或许是为了每晚能把自己编的故事讲给女儿听。"没了工作，没有了家庭琐事的操心，她终于可以静下心来不停地写作了。有时为了省钱和省电，她就去咖啡厅里写，投入的写作几乎让她忘记了疲劳，就这样，她写呀写，终于，第一本《哈利·波特》诞生了。然而，罗琳向出版社推荐这本书的时候，却遭到了一次又一次的拒绝，没有谁对这本写给孩子的童话故事感兴趣。可罗琳并不气馁，而是仍去说服出版商们出版她的作品，真可谓是功夫不负有心人，英国学者出版社同意出版她的作品。第一本《哈利·波特》的出版创下了出版界的奇迹，现如今已被翻译成35种语言在115个国家和地区发行，引起了全世界的轰动。

罗琳成功了。

罗琳的成功秘诀，就是坚持。坚持使她战胜了困难，从而取得了辉煌的人生成就。

综观历史，司马迁耗费了 17 年的时间，终究成就了被世人称之为"史家之绝唱，无韵之离骚"的《史记》；李时珍为了写《本草纲目》，历 17 年之艰辛；更有李白铁杵成针，屈原洞中苦读，匡衡凿壁偷光，他们的精神印证了"贵有恒，何必三更眠五更起，最无益，只怕一日曝十日寒"的真理。他们用行动告诉我们，只要有滴水穿石的精神，持之以恒，成功不会遥远。

林肯，美国历史上一位伟大的总统，然而，他的成功和辉煌正是在不懈坚持中铺就的。1832 年，林肯失业了，这使他伤心不已。他曾下决心要当政治家，当州议员，但糟糕的是，他竟选失败了。

紧接着，他开始着手开办企业，但不到一年，企业又倒闭了。不仅赔光了所有的积蓄，而且还欠了大笔债务，以至于在后来很多年里，林肯为生活到处奔波。

随后，林肯决定再次参加竞选州议员，这次他成功了。他内心终于萌发了一丝希望，认为自己的生活有了转机："也许我要成功了！"

1835 年，林肯想结婚了。但结婚前的几个月，他的未婚妻却不幸去世。这给他带来了巨大的精神压力。在接下来的日子里，他曾经心力交瘁，数月卧床不起。

1838 年，林肯觉得身体状况逐渐良好，于是决定竞选州议会议长，可他再次失败了。1843 年，他又参加竞选美国国会议员，而这次仍然没有成功。他知道，只要坚持，终会成功。1846 年，他又一次参加竞选国会议员，最后终于当选了。

两年任期很快过去了，他决定要争取连任。他认为自己作为国会议员表现是出色的，相信选民会继续选举他。但结果很遗憾，他落选了。

这次竞选，让他赔了不少钱。他申请当本州的土地官员，但州政府把他的申请退了回去，上面指出："作本州的土地官员要求有卓越的才能和超常的智力，你的申请未能满足这些要求。"接连又是两次失败。在这种情况下，林肯还会坚持而继续努力吗？

然而，作为一个聪明人，他没有服输。1854年，他竞选参议员失败了；两年后他竞选美国副总统提名，结果被对手击败；又过了两年，他再一次竞选参议员，还是失败了。

林肯尝试了11次，可只成功2次，但他一直没有放弃自己的追求，一直在坚持，经过不懈地努力，1860年，他终于当选为美国总统。

坚持就是胜利，坚持就有收获。有了坚持，人在苦难和挫折面前就不会退缩，反而会越挫越勇。一个人要想干大事，就必须懂得坚持，有了坚持，才能铸就明日的辉煌。一个人如果有恒心，一些困难的事情也可以做到；没有恒心，再简单的事也做不成。

蜗牛因坚持，所以能爬上金字塔顶得到了雄鹰的世界；乌龟因为坚持，所以获得了兔子的荣誉；愚公坚持而让山移。只有坚持，才能开启成功的大门，我们要有所成就，就要坚持到底。人生路上，困难是难免的，但唯有坚持才能拨开乌云，见到阳光。正如一个作家说过，就像冲洗高山的雨滴，吞食猛虎的蚂蚁，照亮大地的星辰，建起金字塔的奴隶，我也要一砖一瓦地建造起自己的城堡，因为我深知水滴石穿的道理，只要持之以恒，什么都可以做到。

智慧典藏

歌德曾说:"只有两条路可以通往远大的目标,力量和坚持。力量只属于少数得天独厚的人;但是苦修的坚持,却艰涩而持续,能为最微小的我们所用,且很少不能达成它的目标。"坚持就是胜利,坚持就有收获。坚持是通往成功的天桥,让我们站在此刻的起点上,坚持到底,永不言弃。

水往下流,人争上游

——永葆上进心

老人说:"水往下流,人争上游。"它揭示了一个人与自然的规律,同时也体现着无穷的智慧。人会有上进心,人要有上进心,人应有上进心;人不甘平庸,人不应落后,人敢于挑战,人勇于攀登,这是一种非常自然的现象。拥有上进心的人,永不会原地踏步,因为他们要追求前路的无限风光;拥有上进心的人,不会在顺境中颓废,在逆境中低头,因为他们在拼搏的同时,也获得了最丰富的人生。

上进心是人生道路上的灯塔和航标,有了它,人生就有了方向和目标;上进心是人生的助力,有了它,人才能克服困难,勇往直前。正如高尔基所说:"一个人追求的目标越高,他的才力就发展得越快,对社会就越有益。我确信这是一个真理。"

上进心是一种不满足现状、永远进取的心理状态。每个人都有成功的机会，只要你有一颗炽热的上进之心。

20世纪30年代，在英国一个不出名的小镇，有一个叫玛格丽特的可爱小姑娘。玛格丽特从小就接受父亲严格的家庭教育。父亲经常向她灌输这样的观点：无论做什么事情都要力争上游，永远要走在别人的前面，即使是在坐公交车的时候，你也要永远坐在靠前的位置。父亲从来不允许她说"太困难"或"我不能"之类的话。

对于年幼的孩子来说，可能父亲这样的教训方式太过残酷，但他的教育在以后的年月里证明是非常宝贵的，而且是很有效的。正是由于玛格丽特从小接受父亲"无情"的教育，才培养了她积极向上的决心和信心。无论是学习、生活还是工作，她都时刻记着父亲的教诲，总是抱着一往无前的精神和必胜的信念，克服一切困难，做好每一件事情。

玛格丽特上大学时，凭借顽强的毅力，她将考试科目中需要五年完成的拉丁文课程，仅仅花了一年就完成了。此外，玛格丽特不光是学习出类拔萃，在体育、音乐、演讲以及其他活动方面也是无人能比的。正如她所在学校的校长评价她说："玛格丽特无疑是我们建校以来最优秀的学生之一，她总是雄心勃勃，每件事情都做得很出色。"

正因为如此，40多年以后，英国政坛上出现了一颗耀眼的明星。她连续四次当选为英国保守党领袖，并于1979年成为英国第一位女首相，雄踞政坛长达11年之久。她就是被世界媒体誉为"娘子军"的玛格丽特·撒切尔夫人。

在美国，有一次，一个推销员在纽约街头推销气球。生意稍差时，他就会放一个气球，以此来吸引顾客的眼球。当气球在空中飘浮时，就会有一群顾客聚拢过来，这时生意就会好一阵子。

他每次放入天空的气球都变换颜色，起初是红色，接着是黄色，最后是蓝色。过了一会儿，一个黑人小女孩走了过来，拉了一下推销员的衣角，望着他，并问了他一个很有趣的问题："先生，如果你放的是黑气球，会不会上升呢？"

推销员看了一下这个孩子，就以一种充满同情、智慧和理解的口吻对小女孩说："孩子，那是气球内所装的东西使它们上升的。"

"气球内所装的东西使它们上升的"，同样，也是我们内在的上进精神也促使我们进步。上进心是一种激励我们前进的、最有趣而又最神秘的力量，它存在于我们每个人的生命中，就像我们自我保护的本能一样。

山溪有上进心，所以能流入大海，一览大海的无边无际；雄鹰有上进心，所以能翱翔苍穹，傲视天际；树木有上进心，所以能长成参天大树，俯视一切。上进心创造了完美、成功，还有一切，所以，人要有上进心，不应安于现状，而应为梦想奋斗拼搏。

❖智慧典藏❖

　　俗话说，人往高处走，水往低处流。在生活中我们要积极地利用这一真理和智慧。

有山必有路，有水必有渡

——没有到不了底的事

老人们常挂嘴边的"有山必有路，有水必有渡"，是人世间亘古不变的真理。任何事情都是有底线、有转机的。当我们处于逆境时，我们不妨借助这种思维方式来宽慰自己，这样人生风景无处不在。

俗话说："否极泰来。""否"、"泰"，《周易》中的两个卦名。"否"卦不顺利；"泰"卦顺利。意思是说：逆境达到极点，就会向顺境转化。

人生路途中总有那么几步异乎寻常的艰难和苦楚，困难的到来，难道就可以把通往前方的道路封堵了吗？众多历经磨难而走向成功的人给了我们一个斩钉截铁的回答：不能。是的，"有山就有路，有水必有渡"。只要我们敢于同困难说"不"，敢于在困难面前坚持，那么，就一定会迎来生命的转机，一定会赢取美好的明天。

从前，一位航海家，在一次航海旅行中，不幸遭遇了台风。全船乘客遇难，但幸运的是，他活了下来。

他攀着一块破碎的甲板随波漂流，最后漂到了一个荒无人烟的孤岛上。望着周围漆黑、陌生的一切，航海家惊慌失措。在当时的他看来，流落到这个孤岛上和遇难并没有什么两样。在求生欲望的支配下，他采食野果，并开始狩猎，过起了野人的生活。虽然日子过得十分艰辛，但是，后来他还是建了一间能够遮蔽风雨的茅草屋。

不知不觉中，他已经在这个孤岛上过了五六年。他是多么希望回到家人的身边啊。可数年来，一直没有从这个小岛经过的船只。一直听天由命的他越来越感觉无望了。

一天，当他在屋里煮食物的时候，一不小心引燃了茅屋。由于岛上的风很大，火趁风势，不一会儿，他辛辛苦苦搭成的茅屋便付之一炬了。想到冬天马上要到来，上帝却又把他的茅屋夺去了，难道他真的就注定命绝于此吗？

正当他绝望无助的时候，一艘路过此地的轮船出现了。原来，船上的人看到孤岛上的浓烟，便明白了岛上肯定有落难的人，所以，立即到岸上去查看。

就这样，他获救了。

"车到山前必有路，船到桥头自然直"。无论是对一个人还是一个全体来说，做事情会遇到困难是势所必然，不可避免，人们总能想出走出困境的办法来，有些时候人们就是在这一前人的经验总结的召唤下跳出了噩梦的氛围；同时，我们所前进的每一步都是未知的，面对未知的前景，又多是在这类话语的鼓舞下奋勇向前。

曾经听过这样一个故事：

有个年轻人想徒步穿越一片大沙漠，刚开始的几日，大漠美丽的景色使他十分陶醉，心里充满了对未来的幻想。但是有一天，他带来的食物、饮用水都已经告罄了，帐篷外是狂舞的风沙，他已经筋疲力尽，饥渴难忍。但是，他坚信"有山必有路，有水必有渡"，他坚持了下来，走着走着，在距离不到 200 米远的地方，年轻人终于找到了绿洲，最终获得了救助。试想若年轻人并没有想到这一点，也没用这句话来宽慰自己，那么现在在沙漠中，人们发现的，就是他的尸体了。

生命是无穷的。人生如同四季，夏天是开始，秋天是迷茫，冬天是艰苦，春天，才是幸福。处在冰天雪地的苦痛中，若放弃了对春天的追求，便永远不能够拥有幸福了。一定要相信，春来草自青，即使被逼入绝境，也会有死里逃生的方法。智慧可以改变命运，信念能够创造奇迹。

任何事情的发展都不是一条直线，聪明人能看到直中之曲和曲中之直，并不失时机地把握事物发展的规律，通过迂回应变，达到既定的目标。在人生的单行道上，不会一直畅通无阻，当我们的人生遇到瓶颈的时候，我们要懂得转弯，学会逆向思维，若只有一股向前的闯劲只会让我们头破血流。

智慧典藏

人生之路，总是会有坎坎坷坷的。幸与不幸并没有绝对的界限和区别。那些我们最难接受的苦难，时常会是上帝的奇妙安排。只要我们以积极的心态去操纵它，任何事情都会有转机。

人心不足蛇吞象，贪心不足吃月亮

——贪婪无止境，遏制你的贪婪之心

老人们常用"人心不足蛇吞象，贪心不足吃月亮"来劝诫我们贪婪是个无底洞。贪婪，一个令人改变的词汇，一个令人走向犯罪道路的指标。贪婪之于毒药，蚀心之毒，人尽皆知。贪婪自取灭亡，贪婪一无所获。有人尝试过贪婪的痛苦，也有贪婪的念头，一旦靠近它，碰上它，就会跌入无底深渊。贪婪是无止境的，一个人无法遏制自己的贪婪之心时，就会陷入无尽痛苦的深渊。所以摒弃贪婪是人生修身养德之必须，是崇高人生、闪光人生之根本。

人有各种肉体上的疾病，也有各种各样精神上的疾病。精神疾病中最严重的一种就是贪婪。贪婪，是灵魂的蛀虫，是人类肉体生命与灵魂生命的扼杀者，是一种无穷无尽的想要拥有，是一种自我毁灭，是最终的一无所获。它是人心浮躁的根源。在茫茫尘世中，人的欲望越多，越难满足，心灵深处的不安和愤怒之火就会越旺盛，最终会将自己推向地狱的深渊。托尔斯泰曾经说过："欲望越少，人生就越幸福。"古往今来，有很多人欲壑难填，又有很多人被贪欲灼伤。

民间流传着这样一个故事：

从前有一个农夫赶路时，在山脚下发现了一条冻僵的小蛇，非常可怜。于是，农民把他带回了家，给它取暖。小蛇活了过来。从此以后，小蛇就与农夫生活在一起。小蛇慢慢长大了，自己能够生活了，农夫就把它放在山后石洞里，渴了饮山泉，饿了吃野果，大蛇自然对农夫很是感激。过了一些日子，大蛇出入的洞口长出了一颗小小的灵芝。为了感谢农夫的救命之恩，大蛇决定用心守护它。渐渐地，灵芝越长越大，越长越神奇，人们都想得到它，但是只因蛇的守护，谁也不敢靠近。

这件事被皇上知道后，就叫人四下张贴了一道皇榜：谁能采来这棵灵芝，就受重赏。这个农夫想得到赏赐，就央求大蛇把灵芝送给他。蛇说："我耐心守护它就是为了报答你。"蛇答应了农夫的要求。农民就把灵芝献给皇上，得到了一批金银财宝的奖赏。

过了许久，皇后的眼睛瞎了，御医说只有龙蛇的眼珠才能治好。于是就布告天下，谁能找到龙珠把皇后的眼睛治好，就封他为宰相。农夫得知了这事，也想当官，于是就告诉大蛇，希望能得到它的一只眼珠，蛇为了报答他的救命之恩，大蛇只好忍痛让他挖去自己的一只眼睛。皇后的眼睛复明了，农夫自然做了宰相。

他当上宰相以后，听说吃龙蛇心能够长生不老，就又到山洞中去找大蛇，要求大蛇给他一颗心，成全他长生不老，大蛇见他如此贪心不足，就张嘴叫他去挖，这个贪婪的宰相一近前，就被大蛇吞下肚里，再也没回来。

这就是"人心不足蛇吞象"的典故。贪心不足必会自食恶果，贪心是受指责遭唾弃的恶劣品质。人若无求品自高，人若无欲无奢、无贪婪，品格自然高尚、纯洁。可是在人类社会中，要彻底摒弃贪婪是很难的。人们往往既厌恶贪婪却又很难放下贪婪。这正如人们对待名利一样，往往口中厌恶名利，与世无争，与人无争，心中却追名逐利，日夜为名利呕心沥血。生活在名利场中，只有无欲才刚，无欲则无求，无求则无贪婪。

俄国伟大的文学家托尔斯泰的小说中有这样一个经典故事：

有一个人，他十分贪心。有一天，当地的地主为了奖励人民决定送给他们一些地。这个人听说了这事，就来到地主的家中，要求地主给他一块地。地主就对他说："你从日出走到日落，然后再到回起点，一天能走多少的土地，那么，所得的土地就是你的。"

这个人想得到更多的土地，于是就拼命地奔跑，因为绕了很大的圈子想在日落时赶回，只有拼了命地奔跑，但还没等他跑到原地，他就已经心力交瘁，倒地而死。

最终，作者在小说的结尾这样写道："为了一身外之物永不满足，而拼上了老命，自己最终所得的不过是容纳一口棺材的坟地罢了，为了一口棺材的土地而拼命地争土地，值得吗？"

贪婪即是祸端。它是万恶之源，容易把人引入罪恶的深渊，乃至走上不归路。人世间，一些丑陋、肮脏、腐朽大都来源于贪婪。贪婪使人心灵扭曲，步入邪路。贪婪这条路是非常危险的，一旦踏上，越陷越深，难以自拔，使贪婪成为危害人生的陷阱，葬送人生的坟墓。古往今来，因为贪婪而迷失方向的人随处可见，因为贪婪而丧尽天良的人也比比皆是。正如一位哲学家所说："舍命赚钱其实是人生最大的愚蠢行为。在现实中，绝大多数人都在凭借着自己年轻力壮的身体拼了命地赚钱，加班加点，没日没夜，即便是损伤到自己的身体健康也全然不顾。其实，在现代社会，人对金钱的贪婪已经早早地超过了人生只需吃饱穿暖的基本生存需求了。舍命赚来的钱一旦超过了生存所必需，金钱就会变为一个数字概念而显得没有任何意义，假如还损伤到以生命为代价，那就是愚蠢至极的行为。"由此可见，贪婪的确可以摧毁人的肉体和精神支柱，将人送进坟墓。

贪婪并不是人的本性，是人在私欲膨胀中滋生出来的一种不健康心理，是人们在追求物质生活中，为满足自己的虚荣、享乐等需要而产生的一种变态心理状态。贪婪最终贪到的只是空虚的死亡。人应该遏制贪婪之心的滋生、成长。因为只有治愈了自己那颗无底的贪婪之心，不再需要向里面装填贪婪果实的时候，我们便会感到一种真正宁静和安详的生活。

有得必有失，有失必有得

——舍得，才能拥有

失去了灿烂的朝霞，我们便得到了辉煌的夕阳；失去了甘甜的琼浆，我们便拥有卧薪尝胆的希望；失去了春天动人的鲜花，却能在秋天拥抱甜美的果实……人生在世，必须有得，有得才有意义，才有动力，才有希望；而我们也必须学会舍，有舍才能拥有。生活、感情、工作，人生中的一切，莫不是如此，只有舍得，才会拥有。正如老人言："有得必有失，有失必有得。"

孟子说："鱼我所欲也，熊掌亦我所欲也，二者不可得兼，舍鱼而取熊掌也。"是的，鱼与熊掌二者不可兼得。在人生路上，我们时刻会遇到取舍的矛盾，如果只想取而不想舍，或者只会取而不会舍，挡不住各种诱惑，坚定不了信念，那么到头来只会是心浮气躁，一无所获。

一位哲人说过："今天的放弃，正是为了明天的得到。"人生需要有舍才能有得，懂得舍与得是人生路上的必须课。凡是懂得舍弃的人，最终的回报是"舍小求大"。而那些不懂得舍得的人，最终只会增加生命的负担。

曾经有人讲述了在热带森林中捕捉猴子的诀窍。在猴子能够看得到的地方安装一个小木盒子，把猴子爱吃的坚果装在里面，然后走开。木盒子上面有一个小口，刚好够猴子将自己的前爪伸进去，猴子空着爪子时可以进出自如，但一旦猴子抓住坚果后，因为拳头太大，所以，就抽不出来了。这个时候，在附近守候的猎人就可以轻而易举地把猴子逮住。

人们之所以能用这种方法捉住猴子，主要是他们了解了猴子有一种习性，那就是一旦抓到的东西绝不会轻易放弃。猴子的这一习性导致了它们最终因小失大，让其身陷困境。

我们不禁要笑猴子的愚蠢，为何不松开爪子放下坚果而逃命呢？但笑完猴子后，我们再审视一下自己，是否你还笑得出来呢？

舍得，舍得，唯有先舍也能获得。生命在不断的取舍中，才能达到和谐平衡。有人说："取是一种本事，舍是一门哲学，没有能力的人取不来，没有通悟的人舍不得。"要学会当取则取、当舍则舍，要明白舍得也是一种智慧、一种境界、一种哲学。

美国南北战争结束后，在一片废墟中，两个贫苦的人正寻找能够充饥的食物，有一天在街上发现两袋大米，两人喜出望外，如果将这两袋大米带回家，一个月以内不会再饿肚子了。当下两人各自背了一袋大米，便欲赶路回家。

走着走着，其中一人眼尖，看到山路上有着一大包面粉，走近细看，足足有四十多斤。他欣喜之余，和同伴商量，把这些面粉也背回家。

他的同伴却有不同的想法，认为自己背着大米已走了一大段路，到了这里才丢下，岂不枉费自己先前的辛苦，坚持不愿换面粉。先前发现面粉的那个人屡劝同伴不听，只得自己竭尽所能地背起了面粉，继续前行。

又走了一段路后，他们又发现了一些面包。之前发现面粉的那个人心想，自己发财了，找到了这么多东西。赶忙邀同伴放下肩头的大米，改背这些面包。但他的同伴仍是那套不愿丢下大米以免枉费辛苦的想法。

这时，发现面粉的那个人，捡起了地上的面包，重负使他气喘吁吁，步履维艰。

突然，天降大雨。背大米的那人，由于自己一身轻松，很快地背着大米回家了，过着充实的生活。而另外一个人，由于大米、面粉和面包被雨水淋湿了，不得已，只好丢下一路辛苦舍不得放弃的东西，空着手回家去了，生活一如既往。

每个人都希望自己拥有很多，每个人都害怕舍弃。舍弃就意味着失去，不再拥有，舍弃是一个痛苦的过程，一个悲伤的结局。但是，等到我们心平气和时，意味放下而获得更多时，回头再看，舍弃是如此地美丽。

有取必有舍，有失必有得。尼尔唐纳沃许在《与神为友》一书中写道："我不会'抓紧'任何我拥有的东西！我学到的是，当我抓紧什么东西时，我才会失去它，如果我'抓紧'，我也许就完全没有爱，如果我'抓紧'金钱，它便毫无价值，想要体验'拥有'任何东西的唯一方法，就是将它'发下'！"走在人生的这条路上，道旁诱人的风景会以无声的力量吸引着你，智者懂得做量力而行地选择，睿智地放弃，这样我们才会拥有得更多。

智慧典藏

　　舍弃是为了更好地得到，有所失，才会有所得。适时地舍弃是一种艺术、一门学问，体现了为人处世的睿智和豁达。大舍大得，小舍小得，不舍不得。

人无千日好，花无百日红

——人生有高潮，也必有低谷

　　有道是，娇艳的花儿不会有百日美丽，顺达的人生也不会千日延续，人无法永远健壮昌盛，花儿无法永远盛开不凋。老人说得好："人无千日好，花无百日红。"花开花谢，自有轮回；人生百态，世事难料。世事不能永远美好。正如人不可能一直走运，花不可能一直盛开一样。俗语简短，但颇具玩味，其中蕴含着深刻的哲理和奥妙，是对得意人的忠告，也是对失意人的激励。

　　"人无千日好，花无百日红。"这是出自于《元曲选·儿女团圆》中的一句唱词。自古以来，不知被多少人借用、传唱。人们之所以喜欢这句话，因为它确实道出了人世间太多的无奈和感慨，每当人们处于得意抑或是失意时，总会不自觉地想起这句话，似乎只有吟咏一番，才足以得到些许安慰。

　　"人无千日好，花无百日红"，"好花不常开，好景不常在"。随着岁月的交替更迭，人生四季的轮回，历尽人世的凄凉，阅人阅己的古人，渐渐悟出这一至理名言的真谛。它旨在告诉我们既要好好地珍惜今天的生活，又要做好未雨绸缪的准备。

在我们得意的时候，也不要沾沾自喜，可能真的因为这样而葬送我们美好的未来。晋朝有个叫江淹的才子，诗词歌赋无所不通，但当他成为朝廷的紫光禄大夫时，他就被眼前的舒适所俘虏，他不思进取，不求上进，再也不是以前出口成章的大才子，最终再也没有写出好的文章，给后人留下了一个"江郎才尽"的笑谈。

但与其相反的另外一位人物，却是跟他不一样的处世态度。周处，晋朝著名武将，他在天下安定的时候，由于闲着没事干，就每天把家里造炉灶的一些砖块，早上从屋里搬出来，然后晚上再搬进去。邻里人对他的行为十分不解，忍不住好奇就问他："你这样做有什么意义呢？这不是白白浪费自己的体力吗？"周处回答说："即使是太平时期，我们武将也不能掉以轻心啊！我们要经常舒展筋骨，以防止在战时身体僵化啊！"果然，他健硕的身体也派上了用场。后来，北方的少数民族攻打晋朝，他参与了抵制，他的功绩永远留在了青史上。

有人说："人的一生是一条上下波动的曲线，有时候高，有时候低。低的时候你应该高兴，因为很快就要走向高处，但高的时候其实是很危险的，你看不见即将到来的低谷。"现实中，通常当人们处于人生的高处时，总是志得意满，颐指气使，恃才傲物，不思进取，沉浸在过去的辉煌中，因而故步自封。其实这时已是强弩之末，即将滑向人生的低处。当人们处于人生的低处时，总是悲观失望，痛苦决绝，殊不知，否极泰来，即将步入另一个美丽的春天。

唐太宗李世民即位以后，并没有及时享乐，而他大兴治国之道，任贤选能，励精图治，终于成就了贞观之治，为大唐的盛世基业打下了坚实的基础。虽然他贵为天子，本不该任劳任怨，但是他知道如果不努力，一定都会过去。相反，他的继承者唐玄宗却被大唐的盛世冲昏了头脑，宠幸嫔妃，任用奸佞小人，使得大唐江山陷于内忧外患之中，并最终导致了"安史之乱"葬送了大唐的江山。

无独有偶，清朝前期的统治者们更是学习唐太宗的治国策略，他们在良好的形势面前保持清醒的头脑，在夺取了明朝的统治地位后，建立了强大的封建王朝，而后来的统治者们却以"天朝上国"自居，不思进取，骄傲自大，故步自封，为中国带来近代甚至是有史以来的百年耻辱，从此，中国国门被迫被外国打开，从此走上了半殖民地半封建社会的道路。

无数事实证明，巨大的成功往往会导致我们更大的失败，而暂时的失意却常常能引领我们走向成功。

《金刚经》说道："一切有为法，如梦幻泡影，如露亦如电，应作如是观。"人生世事变迁，生生灭灭。凡是会变化的，有生就有死，有高就有低。人的一生总是充满了坎坷与艰辛，总会遭遇到各种各样的不幸。当身处高处时，我们要不骄不躁，要意识到潜在的危险，更应该不断地奋发图强。当身处低处时，也不要自暴自弃，不要悲观绝望，凡事都有改观的那一天。只要我们储蓄力量，时机一旦成熟，就会石破天惊，到达另一个理想的境地。

"人无千日好，花无百日红"，人的成长和花的生长往往都是如此，在绝望中诞生，在绚烂处结束。当你前途一片光明的时候，却又戛然而止，成了最美的注脚。当初风光无限时，今日却成为了残花败柳。这是世间万物的规律，因此，当人生处于高处时，我们切记不要志得意满，颐指气使，恃才傲物，不思进取，相反，在人生处于低谷时，我们也没必要悲观失望，痛苦决绝。让"人无千日好，花无白日红"这一震人心魂的句子，成为我们编织理想蓝图的格言。

　　人生路上的风景，或许走得最急时的那段是最美丽的。但我们不必惋惜，只因那昙花一现的美感，却是镂刻在离心灵最近的地方，只要我们敢憧憬、遐想，那醉人的风景，依旧梦里依稀似昨……

得宠思辱，居安思危

——人要有忧患意识

　　《增广贤文》云："人无远虑，必有近忧。得宠思辱，居安思危。"《左转·襄公十一年》曰："居安思危，思则有备，有备无患，敢以此规。"《说岳全传》中写道："得宠思辱，居安思危。"这些老话无疑不是在告诉我们人要有忧患意识，处在安定的环境时能想到可能会出现的危难，我们要居安思危，才有可能在目前优越的条件下，在激烈的竞争中，保持清醒的头脑，才有可能立于不败之地。行得远虑，方显从容。国道如此，人道亦然。

　　老话说"得宠思辱，居安思危"，得到宠幸时，要想到屈辱；处境平安时，要想到危险会时时袭来。如能做到这样，当真正的危险突然降临时，才不至于手忙脚乱。才能从容应对。"得宠思辱，居安思危"，表现为一种忧患意识，同时也告诫人们要有忧患意识。我们强调增强忧患意识，不是消极悲观，更不是灰心丧气，而是要时刻居安思危，保持清醒，艰苦奋斗，因为人要有"忧患意识"，才能"防患未然"。

有这样一个故事：

春秋时期，有一次齐、宋、晋、卫等十二国联合出兵攻打郑国。郑国国君慌了，急忙向十二国中最大的晋国求和，得到了晋国的同意，其余十一国迫于晋国的威力，也同时停止了对郑国的围攻。郑国国君为了表示对晋国国君的救国之恩，于是派人给晋国国君送去了大批的金银珠宝，地方特产。其中最为耀眼的就是：著名乐师三人，配齐甲兵的成套兵车共一百辆，歌女十六人，还有许多钟磬之类的乐器。晋国的国君晋悼公见了这么多的礼物，非常高兴，将八个歌女分赠给他的功臣魏绛，便对他说："这么多年来，你一直为我出谋划策，事情办得都很顺利，我们就好比奏乐的节拍一样和谐，真是太好了。趁着现在，让你也好好享受一番吧！"

可是，魏绛谢绝了晋悼公的分赠，并且劝告晋悼公说："咱们国家的事情之所以办得顺利，首先应归功于您的才能，其次是靠同僚们齐心协力，我个人有什么贡献可言呢？《书经》上有句话说得好：'居安思危，思则有备，有备无患。'现谨以此话规劝主公！但愿主公您在享受安乐的同时，能想到国家还有许多事情要办。"

魏绛这番远见卓识而又语重心长的话，使晋悼公听了很受感动，高兴地接受了魏绛的意见。

《论语》有云："人无远虑，必有近忧。"钱钟书曾说，永久的"快"乐是一种自相矛盾，只有痛苦才是永久的。人生不会永远都是一帆风顺，崎岖的人生道路上，总会存在隐患，因之隐而谓之患。但假如由于缺乏对隐患的识别和防范而导致灾祸，这样的人生是可悲的。而人一旦有了忧患意识，就能识别未来存在的隐患，并能及时地做出抉择。

　　"忧患"意识促使我们将希望寄托于未来。人有了忧患意识，当我们处于好的环境时，便不会沾沾自喜，骄傲自满，而能让我们保持清醒，催人奋进。而那些没有忧患意识的人们将不会意识到自己潜在的危险，当危险来临的时候，就不会适应，又缺乏适应的能力，最终就会付出沉重的代价。

　　19世纪末，美国康奈尔大学做过一次有名的实验。经过专家们精心地策划和安排，实验终于可以开始了，他们先从田间抓来一只青蛙，然后把青蛙冷不防地丢进装有沸水的桶里，这只反应灵敏的青蛙在千钧一发的生死关头，用尽全力，跳出了那势必使它葬身的装满沸水的桶里，跳到桶的外面，安然逃生。

　　隔了差不多一个多小时，实验者们将这个装满开水的桶换成了一桶温水，然后再把这只青蛙放进去，青蛙在温水里面开始快乐地游来游去，大概过了半小时，康奈尔大学的实验者们开始给桶加热。青蛙便没有什么反应，而是继续在温水里游来游去，等到水已经加热，当它意识到必须奋力跳出才能活命时，一切为时已晚。它欲试乏力，全身瘫痪，只能焦急地在水中转来转去，不久就死在了水桶里面。

　　这个故事告诉我们：迅速的环境变化往往能调动起机体的反应机制，缓慢变化的环境往往是最危险的。我们应保持高度的觉察能力，并且重视造成组织危机的那些缓慢形成的关键因素。在生活中，安逸享乐只会使人丧失进取心，慢慢地腐蚀我们的心灵，往往使人防不胜防，一蹶不振，相反，在优越的环境下，我们能想到未来可能存在的忧患，这样会更能让我们奋进。孔子曾说："安不忘危，存不忘亡。"在生存竞争的巨大压力面前，我们决不能掉以轻心，麻痹松懈，否则就会停滞不前。

人的发展需要危机感与忧患意识。人们一旦意识到自己所处的社会环境是不利的或者是相对劣势的，一般都会尽最大的能力去提高自己或直接改造自己所处的环境，以此让自己适应环境，而当人们对自己所处的环境相当满意时，就会安于现状，不思进取，这样就会让人在相对平静的环境中失去潜在的积极性与进取心，从而放弃努力。这样一旦环境发生了变化，就会出现不适应性，又缺乏应有的适应能力，最终就会被新环境所淘汰。因此，我们每个人都必须要有一定的危机感和忧患意识。

智慧典藏

　　每一个人都应牢记，未雨绸缪，犹言不早；亡羊补牢，为时晚矣！做任何事，未雨绸缪，莫待亡羊补牢。

宁可做过，不可错过

——万事"行"为先

老人们常说："宁可做过，不可错过"，任何事情不管最终是不是能够成功，做过了就不后悔，这同时也告诉了我们万事要以"行"为先，只有行动了，才能做出一件件实事，才能叩开成功的大门。付出多少，得到多少；付出越多，离成功越近，这是一个众所周知的因果法则。

万事"行"为先。德谟斯乔斯是古希腊的雄辩家，有人问他雄辩术的首要之点是什么？他说："行动。"第二点呢？"行动。"第三点呢？"仍然是行动。"成功始于行动。行动是通天的阶梯，是过河时的小桥。行动是成功背后的大树，是荣誉背后坚强的后盾。现实中大多数年轻人有着这样一个毛病，那就是犹豫。他们总喜欢"等一等"，"明天再做"，"再考虑考虑"，致使自己陷入无尽的后悔中。

曾经有一位颇负盛名的哲学家，迷倒了众多女子。

一天，一个漂亮的女子来敲他的门，说："让我做你的妻子吧！错过我，你将再也找不到比我更爱你的女人了！"哲学家虽然也很喜欢她，但仍回答说："让我考虑考虑！"

事后，哲学家用一贯研究学问的精神，将结婚和不结婚的好处和坏处分别罗列出来，却发现两种选择好坏均等，真不知该如何选择。

于是，他陷入长期的苦恼之中，无论找出了什么新的理由，都只是徒增选择的困难。

最后，他得出一个结论：人若在面临抉择而无法取舍的时候，应该选择自己尚未经历过的那一个。不结婚的处境我是清楚的，但结婚会是个怎样的情况，我还不知道。对！我该答应那个女人的央求。

哲学家来到女人的家中，问女人的父亲："你的女儿呢？请你告诉她，我考虑清楚了，我决定娶她为妻！"女人的父亲冷漠地回答道："你来晚了10年，我女儿现在已经是3个孩子的妈了！"

哲学家听后犹如晴天霹雳：我这么苦苦冥思，充分运用智慧得出的结论，竟然是一场悔恨。而后，哲学家抑郁成疾。临终，他将自己所有的著作丢入火堆，只留下一句对人生的批注：如果将人生一分为二，那么前半段人生哲学该是"不犹豫"，而后半段的人生哲学该是"不后悔"。

天下最可悲的事情莫过于没有去做。生活中很多人把不成功归结到当时没有去行动。为了避免这样的悲剧发生，有了心动的想法就千万不要犹豫，而是立即行动。而不要像这位抑郁成疾的哲学家的感慨一样，在临死前，留下一段对人生的批注：如果将人生一分为二，那么我们前半段人生哲学应该是"不犹豫"，而后半段的人生哲学应该是"不后悔"。

众人皆知，束缚于理想之中而不去行动的人，只能是一个碌碌无为的平庸之辈。理想虽然是美好的，但却是虚拟的。要想使其成为现实，就必须经历艰苦的奋斗。只有我们的行动，才能体现出自身的价值。而那些幻想之人的价值就是他们的美梦和理想，他们把自己的宏伟蓝图描绘得再完美，也只不过是水中月、镜中花罢了。

诸葛亮首出祁山时，决定派出一支人马去占领军事重地街亭（今甘肃庄浪东南），作为屯兵的据点。但派何人前往，诸葛亮却迟迟未定。当时蜀军中尚有几个身经百战的老将，参军马谡却主动请缨。诸葛亮想起刘备临终所嘱，"我观马谡，言过其实，不可大用"，因而迟疑。马谡自知一直为诸葛亮出谋划策，但实际的战功却寥寥，不免难服众心，就以自己从小熟读兵书、胸有成竹的决心，再次向诸葛亮拜泣。遂成为先锋，王平为副将。

马谡和王平率领大军到了街亭，张郃的魏军也正从东面赶来。马谡看了地形，对王平说："这一带地形险要，街亭旁边有座山，正好在山上扎营，布置埋伏。"

王平提醒他说："丞相临走时嘱咐过，要坚守城池，当道扎营。屯兵山上太冒险了。"马谡没有打仗的经验，自以为熟读兵书，夸下海口誓败魏军。

王平追问道："魏兵骤至，四面固定，将何策保之?"

马谡大笑："兵法云：凭高视下，势如破竹。"

王平仍然极力劝阻："若魏军断我汲水之道，军士不战自乱矣。"

马谡却说："孙子曰：置之死地而后生。"

他根本不听王平的劝告，坚持要在山上扎营。王平知道再劝无用，只好央求马谡拨给他一千人马，让他在山下临近的地方驻扎。张郃率领魏军赶到街亭，看到马谡放弃现成的城池不守，却把人马驻扎在山上，暗暗高兴。马上吩咐手下将士，在山下筑好营垒，把马谡扎营的那座山围困起来。

马谡几次命令兵士冲下山去，但由于张郃坚守不出，蜀军无法攻破，反而被魏军乱箭射死了不少人。没过多久，蜀军在山上断了水源，连饭都做不成。时间一长，军中开始骚乱。

张郃看准时机，发起总攻。蜀军兵士纷纷逃散，马谡也无法阻止。最后，只好自己杀出重围，往西面逃跑。

王平带领一千人马，稳守营盘。他得知马谡失败，就叫兵士拼命打鼓，佯装进攻。张郃怀疑蜀军有埋伏，不敢再逼近他们。这样才保住了一千人马。

可笑马谡，只知"兵法云""孙子曰"，却没有想到因地制宜。更多地，他不能正确认识到自己平日只是"纸上谈兵"，没有实战经验的自身情况，只因立功心切，而失了要地、毁了性命。要想获得成功，不光是靠智慧，最基本的就是行动。因为成功之门是永远关闭着的，开启它，你必须果断采取推或拉的行动。

威廉·慧德说："如果一个人面对着两件事犹豫不决，不知道先去做哪一件事情好，那么，他最终将一事无成。他非但不会有什么进步，反而还会后退。唯有那些具有如恺撒一般的特性——先聪明地斟酌，再果断地决定，然后坚定不移地去行动的人，才能在任何岗位上，都做出卓越的成绩来。"任何事情只有去做过，才不会后悔。而"犹豫不决"或者是"纸上谈兵"的处世是毁灭你行动力的元凶。因此，要想获得成功，唯有果断行动，你的人生才不再像一叶飘荡在海中的孤舟，而会像风浪中的重锚，让你的生命之舟，在暴风猛浪的袭击中坚如磐石。

❖智慧典藏❖

梦想中的王冠，成功时的光环，奏响生命谱就的乐曲，这是行胜于言的力量。雄鹰选择了翱翔苍穹，便拥有了孤绝华美的身影，傲视天际的威势；蝉以"知了"自居，便只能独鸣于枝头，碌碌无为。克雷洛夫说过："现实是此岸，理想是彼岸，中间隔着湍急的河流，行动则是架在河上的桥梁。"想要抵达理想的彼岸，唯有行动，才能创造五彩的年华；唯有行动，才能奏响生命的乐章；唯有行动才能绽开美丽的花朵。

尺有所短，寸有所长

——每个人都有自己的长处和短处

"尺有所短，寸有所长"是我们早已耳熟能详的老人言。短：不足；长：有余。尺比寸长，但和更长的东西相比就显得短；寸比尺短，但和更短的东西相比就显得更长。任何事物都各有其长处，也各有短处，彼此都有可取之处。我们不仅要敢于正视自己的长处和短处，更应该正确善待自己的长处和短处。

尺虽比寸长，但也会有它的短处；寸虽比尺短，但也有它的长处。尺有所长，但它和更长的东西相比，也会有不足之处；寸有所短，但它和更短的东西相比，就显得长。任何事物都各有长处，也各有所短。宋朝文人卢梅坡在其诗句中："梅须逊雪三分白，雪却输梅一段香。"梅花再白，也须逊让雪花三分晶莹洁白，而雪花却没有梅花的清香。事物总有不足之处，智者也总有不明智的地方。人或事物各有长处和短处，不应求全责备，应扬长避短。

汉朝刘向《说苑卷十七·杂言》中记载：甘戊使于齐，渡大河。船人曰："河水间耳，君不能自渡，能为王者之说乎?"甘戊曰："不然，汝不知也。物各有短长，谨愿敦厚，可事主，不施用兵；骐骥、騄駬，足及千里，置之宫室，使之捕鼠，曾不如小狸；干将为利，名闻天下，匠以治木，不如斤斧。今持楫而上下随流，吾不如子；说千乘之君，万乘之主，子亦不如戊矣。"

翻译过来就是：甘戊出使齐国，渡过一条大河。船夫说："河水是个小的间隔，你自己都不能渡过去，还能到君主那里去游说吗?"甘戊回答说："不对，你不了解，事物各有它的长处。那种谨慎老实、诚恳厚道的臣子可以让他们侍奉君主，却不可以叫他们带兵打仗；骐骥、騄駬这样的好马，能过日行千里，如果把它们放到屋子里，让它们捕老鼠，还赶不上一只小野猫；干将可算是锋利的宝剑，天下闻名，可是木匠用它做木工活，还比不上一把普通的斧头，现在用船桨划船，让船顺着水势起伏漂流，我不如你；然而游说各个小国大国的君主，你就不如我了。"

"尺有所短，寸有所长"，每个人都有自己的优点和不足，我们不但要看到自己的不足，更重要的是要看到自己的优点，取长补短，这样的人生才是快乐、自信的人生。

每个人都有着自己的独特个性，也有着属于自己的优势。也许与别人相比，自己的容貌不佳；与别人相比，自己的文化程度有限；与别人相比，自己并非多才多艺；与别人相比，自己的反应很慢……但也许我们与别人比，活得更快乐，家庭更和谐，生活更幸福呢！

有这样一则寓言故事：

一只羊和一只长颈鹿在森林里一个围墙边相遇了，长颈鹿看到围墙的树枝长得十分翠绿，于是，它就伸出它长长的脖子，吃起蔓过围墙的树枝来，吃得很开心。小羊见了也十分眼红，它见那树太高，怎么跳都够不着。这时，小羊和长颈鹿同时发现了围墙的草地上长满了许多又鲜又嫩的小草，长颈鹿十分为难，因为它的个子太高，无法钻进去吃草，可它舍不得这一片小草，这回，小羊笑着钻进木栏里吃了个饱，留下的长颈鹿只能在围墙外看着小羊吃。

这个故事告诉我们一个道理：金无足赤，人无完人。任何一个人都不是十全十美的，我们每个人都有自己的长处，也都有自己的短处，我们应该充分运用自己的长处，尽量避免自己的短处，这样才能够获得成功。

总之，尺虽比寸长，但和更长的东西相比，就显得短，寸虽比尺短，但和更短的东西相比，就显得长；事物总有它的不足之处。人或事物各有长处和短处，我们不应求全责备，既能看到自己的长处，也能避免并且逐步改正、完善自己的不足，这样我们就会进步得更快，才能成就一番丰功伟业。

◆《智慧典藏》◆

尺自有它的短（缺点、短处），寸也有它的长（优点、长处）。任何事物都各有长处，也各有所短。我们不应求全责备，而应能够正确地面对自己的优缺点，扬长避短，同时也应学会取己之长、取人之长，补己之短。

第四章　心态修炼课

境由心生，命由心定

——心态决定命运

生活中，一个好的心态，可以让你乐观豁达；一个好的心态，可以使你战胜面临的苦难；一个好的心态，可以让你淡泊名利，过上真正快乐的生活。人类几千年的文明告诉我们：一个好的心态能帮助我们获得健康、幸福、财富和成功。一个好的心态，比一百种智慧都有力量。一切的成就，一切的财富，都始于好的心态。你的心态是你的真正主人。有什么样的心态就决定什么样的命运。因此，老人们常说："境由心生，命由心定。"

荀子说："心者，形之君也，而神明之主也。"拿破仑说："你的心态就是你真正的主人，要么去驾驭生命，要么是生命驾驭你。你的心态决定谁是坐骑，谁是骑师。"佛说："物随心转，境由心造，烦恼由心生。"一个人拥有什么样的心态，就决定有什么样的命运。命运就在你手中，就看你怎么去创造。

现实生活中，我们不能延长生命的长度，却可以扩展它的宽度；我们不能改变天气，却可以左右自己的心情；我们不能控制自己的遭遇，却可以控制自己的心态；我们不能改变别人，却可以改变自己。其实，人与人之间并无太大的区别，真正的区别在于心态。所以，一个人成功与否，主要取决于他的心态。

很久以前，在美国佛罗里达州的一个乡下，有一个师傅带着三个徒弟在工地上雕刻石头，有人问他们："你们在这里做什么？"

第一位石匠回答说："我在雕琢石头，凿完这块石头我就可以回家了。"

第二位石匠回答："我在雕琢石头，你看我做的雕像，虽然很是辛苦，但是却收入颇高。"

第三位石匠手中仍旧拿着工具，热情地回答说："快来看看，我在做一件工艺品。"

若干年后，那个雕完就可以回家的人已经找不到工作了，因为，随着技术的进步，他的手艺已经不适应发展了；那个做雕像的人，虽然有了很多钱，但自己还是在忙于雕刻；最后一个已经是当地赫赫有名的建筑设计大师了。

当初干同样工作的三个工人，有着三种不同的心态，也造就了三种不同的结果。一个人有什么样的心态就决定有什么样的人生。心态像镜子，它可以让你美好的心灵展现得更加精彩，又可以让你丑陋的灵魂无处躲藏；心态像雨伞，它可以阻拦暴风骤雨对你的袭击，又可以妨碍阳光把你变得温暖；心态像利剑，它可以让你砍断前方的荆棘，又可以反刺你的心灵。

心理学专家发现，帮助人们走向成功的一个秘密就是人的"心态"。积极创造人生，消极消耗人生。积极的心态，它是获得财富、成功、幸福和健康的力量，可以让人攀登到人生的顶峰；消极的心态，它剥夺一切使你的生活有意义的东西。消极的结果，是形成被消极环境束缚的人。

在纳粹德国某集中营，有个叫维克托·弗兰克的犹太人，他什么罪都没有，只因他是犹太人，就被投入了纳粹德国的集中营里。每天，他都在积极地思考，用什么样的方法，才能逃生。他请教同室的伙伴，伙伴嘲笑他道："来到这个鬼地方，从来就没有人能活着出去，你想都不要想了，还是老老实实待着，也许能够多活几天。"同伴们都轻视地笑了。

可维克托·弗兰克不是这种想法，他想到的是：家有老母妻儿，自己一定要活着出去，家人还要靠他挣钱养活呢。积极的思考终于给他带来了机会。一次，在野外干活，趁着黄昏收工时刻，他钻进了大卡车底下，把衣服脱光，乘人不注意，悄悄地爬到了附近不远处的一堆赤裸死尸上，刺鼻难闻的气味，蚊虫叮咬他，他全然不顾，一动不动地装死，直到深夜，他确信无人，才爬起来光着身子一口气跑了70公里。终于脱离了纳粹德国的魔爪，获得了自由，见到了自己的家人。

这正是世上没有绝望的处境，只有对处境绝望的人。这位幸存者后来对人们说："在任何特定的环境中，人们还有一种最后的自由，就是选择自己的态度。"

人之命运，取决于心态。正如马斯洛所说："心态若改变，态度跟着改变；态度改变，习惯跟着改变；习惯改变，性格跟着改变；性格改变，人生就跟着改变。"面对困境，若能始终保持积极的心态，就能在狂风暴雨中看到美丽的彩虹，在一败涂地中看到美好的未来，最终登上成功的巅峰；但若是持一种消极悲观的心态，心灵被阴霾笼罩，限制了自身潜能的发挥，人生最终走向灰暗的境地。因此，人不能失去积极的心态，因为它是一叶轻舟，承载希望到达彼岸，并让我们拾起快乐。它还是一盏路灯，照亮并且指引前进的道路。

生活中，有些人总喜欢说，他们现在的情况都是由所处的环境造成的，环境决定了他们的人生位置。但事实上，他们的情况不是周围的环境造成的。说到底，如何看待人生、把握人生是由我们自己决定的。

≪智慧典藏≫

拿破仑·希尔说："积极的心态，就是心灵的健康和营养。这样的心灵，能吸引财富、成功、快乐和身体的健康。消极的心态，却是心灵的疾病和垃圾。这样的心灵，不仅排斥财富、成功、快乐和健康，甚至会夺走生活中已有的一切。"积极的心态是成功的起点，是生命的阳光和雨露，是指导我们去发现美、发现生活意义的眼睛，而消极的心态是成功的终结者，是生命的腐蚀剂，选择了消极心态的人注定会陷入失败的沼泽。

任凭风浪起，稳坐钓鱼台

——宠辱不惊，镇定自若

"稳"是使风吹浪打胜闲庭信步，是悠然于浪尖风口，从容看乱云飞渡。"稳"是对自身能力的提高。"稳"是看困难的从容。"屈指行程二万里"的豪言，"万水千山只等闲"的壮语。人生自有沉浮，当我们遇到突发事件时，要沉住气，做到猝然临之心不惊，以冷静的态度应对。"任凭风浪起，稳坐钓鱼台"这流传已久的老话就是告诉我们这一道理。

水本来平静无波，平静的水遇到石块，就会激起浪花，平静的水遇到起风，就会掀起波浪，船行驶在水中固然有危险，但只要把舵者善于应付，内心能像湖面平静透底一样清澈、风平浪静，理智自然清明，未尝不可化险为夷，渡过大洋，安登彼岸。成功学大师卡耐基曾说："一个人，四周都为困难所包围，你得镇静应付，把层层障碍打破，便发现你的康庄大道。你须知道，老天决不辜负有心人的上进志向，除非你畏难苟安，无毅力应付，结果才覆败。"

遇事不惊，处事不乱。平淡是真，风愈大，心如止水。对人生而言，学会镇定是一笔宝贵的财富。保持镇定的习惯，我们会以豁达的心胸面对起伏的人生，有了平淡心境，精神不会颓废、意志不会消沉、处世不会浮躁、人生轨迹不会偏颇。心素如简，人淡如菊。遇事，你能做到淡定。人生自有沉浮，当我们遇到突发事件时，要沉住气，做到猝然临之心不惊，以冷静的态度应对，当遇到挫折或者失利时，要沉住气，心态平和，靠毅力咬紧牙关。能够沉住气，才能成大器。因此，不管风吹浪打，胜似闲庭信步，人应该有这样的镇定和从容。

从前，在苏州城里有一位商人，在外辛苦努力，终于攒下了一大笔财富。于是就准备结束自己前半生的漂泊生活，准备告老还乡与家人团聚，享受平静的田园生活。

当时时常有劫匪在路上活动。商人为了保险起见，就打扮成一个农夫的样子：身着一件旧布衣衫，脚穿一双粗布的平底布鞋。他把所有的钱都用来购置了玉器，有道是黄金有价玉无价。他还为此特制了一把油纸伞，将粗大的竹柄关节全部打通，把珠宝玉器全部放入。身藏万贯家私，却貌似贫寒之士，他就这样轻轻松松地上路了。

果然好计谋。行路多日，无人打扰。这天中午到了一个小镇，天下起了小雨。他来到了一个小面馆，要了一碗香喷喷的面。吃饱之后，不觉倦意难当，外面又下着小雨，他不觉就睡着了。

一阵清凉的风吹醒了商人，天已黑了。他揉揉眼，猛然间却发现油纸伞早已不见了踪影，一阵冷汗冒了出来——这把伞可是他的身家性命。

但商人不露声色，沉着冷静。仔细分析着有可能遭遇到的情况：他看到自己手里的小包袱完好无损，就大概断定并没有人专门行窃。一定是有人只顾方便，趁着自己入睡时，顺手牵羊取走了自己的雨伞。

沉吟片刻，商人有了主意。他叫来掌柜，说自己看中了这个小镇，请帮忙租个屋子。

掌柜很快帮他租了个屋子，屋子靠近交通要道。商人说，自己也不会什么别的技能，只会修伞。于是，一间极小的修伞店在路边打起了招牌。

他待人和气，心灵手巧，颇有人缘，人们都愿意把伞拿到他那里去修理。谁也不知道这个小小的手艺人其实是腰缠万贯的富商，谁也不知道他每天谦和的笑脸背后隐藏着一颗紧张焦灼的心。他每时每刻都在等待着那把油纸伞出现，经过他手的伞成千上万，却唯独没有他要的那一把。

一天，他接了一把破旧的伞，主人漫不经心地说："一把破伞值不了几个钱，反倒要花不少钱去修，太费事就算了。"

言者无意，听者有心。一句漫不经心的话启发了商人：自己的那把油纸伞也恐怕破得不能再修了。于是，商人又想了一个好办法。

第二天，天刚蒙蒙亮，过往的行人就看到了一条新鲜的广告：油纸伞以旧换新。人们纷纷咨询，得到肯定的答复后，消息立刻传开了。

不久，功夫不负有心人，终于来了一个中年人，腋下夹着一把油纸伞，恰是商人心系魂萦的那把。

可此时商人不动声色地收下破雨伞，犀利的目光一扫，就查到伞柄处完好无损。他转身在店里挑了一把最好的油纸伞给他，然后徐徐关了店门。打开伞柄，商人看到了他的全部玉器，他竟瘫坐在地上，半日无语。

第二天，修伞店很晚还没开门。一打听，才知道已是人去屋空。

商人悄悄地来到这里，又悄悄地走了。再以后，这个故事流传开来，当地人才恍然大悟，纷纷赞叹着商人的沉着、冷静和睿智。

生活中，每个人都难免遇到一些突发事件，这时，只有保持镇定，才能够帮助你。因为保持镇定，才能冷静地分析，才能找到有效的解决方法。

古语云："为将之道，当先治心，泰山崩于前而色不变，麋鹿兴于左而目不瞬，然后可以制利害，可以待敌。"这是讲的带兵打仗的将领必须沉着。其实在其他许多事物面前，也都需要保持冷静。镇定是一种胆识，更是一种心理谋略。于镇定中思索谋事，能够剔除因惊慌失控的心理影响而导致的对策失误。所以年轻人在日常生活、工作中当遇到困难的时候一定要镇定自若，临事不乱。久而久之，面对困难你就能冷静、正确地泰然处之。所谓"积久成天性，习惯成自然"讲的就是这个道理。遇到危险，沉着应对可化险为夷；面对意外，冷静地处理能够转危为安。很多时候，沉着、冷静的心态是脱离险境、减小损失的最佳选择。同时，镇定不慌也是一种修养、一种智慧。智者的坚定不过是把焦虑深藏于心的艺术。

镇定不慌是一种修养，也是一种智慧。镇定的人生，存在于永恒的宁静。有的人面对从天而降的灾难，处之泰然，总能使平静和开朗永驻心中，但有些人面对突变方寸大乱，从此浑浑噩噩，一蹶不振。

佛经上说："心无杂念，则心静如水，百邪不能入侵!"人生在世，做人如果能做到不管风吹浪打，胜似闲庭信步的镇定，做到得意时淡然，失意时坦然的从容，保持一颗平常心，那是一种境界。总之，心态的平静，是智慧的一块美玉。它是人们绽开的花朵，是心灵的甜美果实。在真理的海洋中，狂风暴雨对它鞭长莫及，遇到危险，沉着应对可以化险为夷；面对意外，冷静处理能够转危为安。

◆≪智慧典藏≫◆
遇事不惊，处事不乱。平淡是真，风欲大，心如止水。

拔掉心中的杂草，让忧虑到此为止

——解除忧虑，快乐人生

忧虑是人生最丑陋的皱纹。它是幸福的破坏者，是一种极具破坏力的情绪，当忧虑侵蚀了你的心灵，灾难将无法阻挡。人们常常会受到忧虑的折磨，是心中杂念太多导致的。在岁月的浸润下，人的心中会滋生出种种杂草，使心灵不堪重负，奄奄一息。要想使心灵重现生机，我们就应该毫不留情地拔掉那些长在心中的杂草。正如老人所说："拔掉心中的杂草，让忧虑到此为止。"

在岁月的浸润下，人的心中会滋生出种种杂草，使心灵不堪重负，奄奄一息，使人长期处于忧虑当中。人一旦处于忧虑当中，情绪就会混乱，人就不会感觉到幸福，反而会陷入痛苦的深渊。因此，要想使自己的心灵重现生机，我们就应该毫不留情地拔掉那些长在心中的杂草。

卡耐基曾形象地说："再没有什么会比忧虑使一个女人老得更快，而摧毁了她的容貌了。"忧虑是人生最丑陋的皱纹。它是幸福的破坏者，是一种极具破坏力的情绪，当忧虑侵蚀了你的心灵，灾难将无法阻挡。如果你在为一件小事而纠结，那么，请你把目前所面对的事情看作是在未来很长一段时间内所要发生的事，然后回过头来再想想，心情就会不一样了。其实，生活中，我们所担忧的很多事情是不会发生的。

布莱克伍德是美国著名作家，在他40多岁的时候，因为战争的原因，所有的事情几乎将他烦透了，精神几度处于崩溃的边缘。他所创办的商业学校，因为当地的男孩子的入伍，面临着极为严重的财务危机；而他的儿子则在军队中服役，生死未卜；当地政府要征收土地建造农场，而他的房子正好在被征收的土地之上，他拿到的赔偿金也仅仅是他房子市价的1/10；他的大女儿因为提前一年毕业，她上大学需要一大笔费用，而这笔钱完全还没筹到。布莱克伍德正坐在办公室里为这些事情烦恼，便随手拿出了一张便条写了下来，冥思苦想应对所有事情的对策，但是都没能够想出更好的解决办法。最终，他无意间将这张纸条放进了抽屉中。

一个月一个月过去了，布莱克伍德自己根本已经不记得自己写过这张便条。一年之后的一天，他在整理自己的资料时，无意中就发现了这张曾经让他头痛不已的烦心事。一边看，他淡然地笑了笑，觉得很有趣，因为他当初担忧的那些事情根本一件也没有发生。更为可笑的是，现在再想想当初的自己，那些焦虑根本就是多余。

刚开始，他担心商业学校无法办下去，但政府却拨款训练退役军人，他的学校很快就招满了学生；他曾经担心自己的儿子在战争中受伤，但是最终儿子却毫发无损地回来了；他担心土地被征收去建农场，但是后来却因为住房附近发现了油田，他的房子完全没有被征收；他担心大女儿教育经费问题，但是他却找到了一份兼职稽查工作，解决了这个难题。

最后，布莱克伍德得出了一个结论：生活中，我们所过于在乎、过于担心的事情，99％都是不会发生的，人总是会为了一些不会发生的、一些无关紧要的事而焦虑，让精神饱受折磨，实在是一大悲哀。

是的，现实生活中，我们所担忧的事情是不会发生的。人要想获得幸福、快乐，就必须拔掉生长在心灵深处的种种杂草。当你拔掉了这种种杂草，就等于为心灵卸下了种种负担，你就会感到浑身轻松自在，你的人生也会更加丰富多彩。

调查研究表明，人们担忧的事情40％从未发生过；30％的忧虑是过去发生过的事情，是无法改变的；12％的忧虑集中于别人出于自卑感而作出的批评，这些忧虑是多余的；10％的忧虑是那些琐碎的事情；只有8％的忧虑可以列入"合理"范围，而8％当中有4％的事情是完全不能控制的。以上数据说明，引起紧张（害怕）的所有问题中，真正值得担忧的问题平均还不到1个。正如布莱克伍德所得出的结论，人生有90％以上的担忧是不必要的，它们只存在于我们的想象之中，为什么我们要为还没发生的事情而烦恼、担忧呢？

耶稣说："你们不要为明天忧虑，因为明天自有明天的忧虑。一天的苦足够一天受的了。"你虽不能改变过去，却能因为担心未来、无事生非，而摧毁美好的现在。忧虑，幸福人生的破坏者；忧虑是一种极具破坏的情绪，当忧虑腐蚀了你的心灵，灾难将无法阻挡。忧虑是成功的腐蚀剂，我们要想获得成功就必须甩掉你的忧虑。忧虑不仅对于我们没有任何好处，反而只会徒增烦恼，让生活状态更加恶化。生活中，如果确实有一些糟糕的事让你们忧虑，你们必须试着多花点时间和精力去改善它，奇迹就会出现。

人的忧虑的产生是因为心中杂念太多。忧虑是人类一种庸人自扰的负面情绪，它只会让我们越陷越深。想要快乐，就请你拔掉这些多余的杂草，不要让这些杂草缠绕着你。

人生的进程就像一次旅游，沿途有着美丽的风景，也有高山、江河的阻隔。世间不如意之事常十之八九，在你的前方不知是一番怎样的场景。为此，为了明天的事，我们不必过多地考虑，从容面对人生旅途中各样的小插曲：或喜，或悲，或惊，或诧，或忧，或惧，花开花谢，不以物喜，不以己悲，鲜花的芳香就会在你的鼻边萦绕，华丽的彩蝶就会在你身边曼妙地起舞。总之，人的精力是有限的，如果过多的杂草郁积在心底，心灵就会负载过重的包袱，就会没有精力去做快乐的事情，去感受快乐的滋味。因此，记住：适时地拔掉你心中的杂草，让自己快乐起来。

❖智慧典藏❖

你不能左右天气，却可以改变心情；你改变不了事实，但你可以改变态度；你无法控制别人，但可以掌握自己。我们前进的道路虽说坎坷曲折，但是道路两旁盛开着五彩芳香的花，在我们头顶上洒满了温馨的阳光。愿我们每个都能用理智驱走不良情绪的阴影，做情绪的主人。

得意忘形，乐极生悲

——春风得意别尽欢

人性有一个弱点就是：人生处在顺境和得意之时，最容易得意忘形。生活中，我们都会有因得意而骄狂的机会：功成名就、加官晋爵，抑或是被别人赞扬……而骄狂的结果就是，终致滋生败象，给我们带来不必要的灾祸。"得意忘形，乐极生悲"，这是老人留给我们的古训。所以，当我们处于得意之时，千万给自己提示：请不要"得意忘形"否则会"乐极生悲"。

忘形者，得意使然也。悲者，乐极生之。人生处在顺境和得意之时，最容易得意忘形，终致滋生败象，乐极生悲。因此，人在得意之时，往往会不由自主地一反常态，变成非我，做人做事不再经过大脑，不再聪慧，肆意张狂，无知，从而落得一个可悲的下场。

《木马屠城记》讲述了这样一个故事：

特洛伊人与入侵他们的希腊军队作战，经过一番艰苦的较量后，双方互有胜负，实力也不相上下。后来联军中就有人献计，假装全部撤退，仅留下一匹大木马，并将勇士藏于马腹中，其他的主力部队则躲在附近的丛林中。特洛伊人望见远去的舰队，以为敌人真的撤退了，于是就在毫无防备的情况下，将木马拖入城中，还以为不但击退了敌军，还捡到了这样一个漂亮的宝贝，全城都欢呼庆贺，歌舞狂欢、饮酒作乐。就在他们庆祝完后，在熟睡之时，藏在木马中的士兵便纷纷跳出来，打开城门，里应外合，将特洛伊军队打败。

这个故事给我们的教训是：得意之时不应高兴得太早，否则失意马上就会报到。因为得意之时最容易丧失警惕，忘乎所以，忽视对手的存在，这时候你就可能会落得十分悲惨的下场。

美国石油大亨洛克菲勒说："当我的石油事业蒸蒸日上时，每晚睡觉前总是拍拍自己的额头说：'别让自满的意念搅乱了你的脑袋。'我觉得我的一生进行这种自我教育，益处很多，因为经过这样的自省后，我那沾沾自喜、自鸣得意的情绪，便可平静下来了。"因此，当我们遇到得意之事时，切莫得意忘形，以免乐极生悲，让自己跌入痛苦的深渊。

《史记·滑稽列传》中说："酒极则乱，乐极则悲。万事尽然，言不可极，极之而衰。"《菜根谭》中说："居盈满者，如水之将溢未溢，切忌再加一滴；处危急者，如木之将折未折，切记再加一搦。"世事变幻，人生无常。祸福之间是可以互相转换的，得意到了极点，往往就是失意的开始：最辉煌的时刻，就意味着你将开始走下坡。当一个人事业成功、生活如意、志得意满的时候，难免会"春风得意"，而人一旦得意起来，往往就会因为自我感觉过于良好而忘记了自己，以至"飘飘然"起来，是为"忘形"。"得意"虽可"春风得意马蹄疾"，但"忘形"却万万不可。"忘形"会使一个人失去自我，错判形势，从而导致"昏着迭出"，最终招致"满盘皆输"的结果。

智慧典藏

　　苏东坡说："人有悲欢离合，月有阴晴圆缺，此事古难全。"人的一生，正如四季变换、草木荣枯更替一样，有顺境也有逆境，循环流转，往复不停。能明白这一道理，就能让自己的心态变得更加平和、安静，从而做到"得意时不忘形张狂，失意时不失望气馁"。

浪再高，也在船底；山再高，也在脚底

——有信心才能成功

　　老人们常常笑称："浪再高，也在船底；山再高，也在脚底。"人生是一条奔腾不息的河流，河中有险滩，也是暗礁。人的一生谁也不会平平坦坦，总会遭遇坎坷、挫折、困难……但是，只要你有信心，便能收获 弯倒映在水中的明月，让你在平淡中体味"掬水月在手，弄花香满衣"的雅然；只有你有信心，便能有一轮旭日喷薄在身边，让你在失意时看到"阳春回雪时，万物生光辉"的希望。不管多大的困难险阻，有多少曲折坎坷，只要你有信心去战胜它，坚信我能我行，世界便在你的脚下。

　　考门夫人的《荒漠甘泉》中讲了这样一个故事：

　　她看见一只蛾长时间痛苦地挣扎着要从茧上面的一个小孔挤出来，她对这只蛾心生怜悯，于是把孔割大，以减轻它的痛苦，结果，蛾却死了。不经过从小孔挤出来的这个艰难的过程，蚕就不能消耗掉体内过多的油脂，从而化作一只可以自由飞舞的蛾。对一个生物的成长、成熟以及蜕变来说，痛苦挣扎的过程必不可少。

生活就像一条河流，在漫漫的征途中，河流有风平浪静，也会遇到急流，有时还可能会碰到暗礁，甚至遇上暴风雨的袭击。困难是人生路上的点缀，困难是成功人生的必需，正如奥斯特洛夫斯基所言："人的生命，似洪水在奔流，不遇着岛屿、暗礁，就难以激起美丽的浪花。"漫漫的人生之路上，荆棘丛生，唯有充满自信，最终才能达到自己的目标。

古希腊的大哲学家苏格拉底在临终前有一个不小的遗憾——他多年的得力助手，居然在半年多的时间里没能给他寻找到一个最优秀的闭门弟子。

事情是这样的：苏格拉底在风烛残年之际，知道自己时日不多了，就想考验和点化一下他的那位平时看来很不错的助手。他把助手叫到床前说："我的蜡所剩不多了，得找另一根蜡接着点下去，你明白我的意思吗？""明白。"那位助手赶忙说，"您的思想光辉是得很好地传承下去？"

"可是，"苏格拉底慢悠悠地说，"我需要一位最优秀的传承者，他不但要有相当的智慧，还必须有充分的信心和非凡的勇气……这样的人选直到目前我还未见到，你帮我寻找和发掘一位好吗？""好的、好的。"助手很温顺、很尊重地说："我一定竭尽全力地去寻找，以不辜负您的栽培和信任。"苏格拉底笑了笑，没再说什么。

那位忠诚而勤奋的助手，不辞辛劳地通过各种渠道开始四处寻找了。可他领来一位又一位，却被苏格拉底一一婉言谢绝了。有一次，当那位助手再次无功而返地回到苏格拉底病床前时，病入膏肓的苏格拉底硬撑着坐起来，抚着那位助手的肩膀说："真是辛苦你了，不过，你找来的那些人，其实还不如你……""我一定加倍努力，"助手言辞恳切地说，"找遍城乡各地、找遍五湖四海，我也要把最优秀的人选挖掘出来、举荐给您。"苏格拉底笑笑，不再说话。

半年之后，苏格拉底眼看就要告别人世，最优秀的人选还是没有眉目。助手非常惭愧，泪流满面地坐在病床边，语气沉重地说："我真对不起您，令您失望了！""失望的是我，对不起的却是你自己，"苏格拉底说到这里，很失意地闭上眼睛，停顿了许久，才又不无哀怨地说："本来，最优秀的就是你自己，只是你不敢相信自己，才把自己给忽略、给耽误、给丢失了。其实，每个人都是最优秀的，差别就在于如何认识自己、如何发掘和重用自己……"话没说完，一代哲人就永远离开了他曾经深切关注着的这个世界。

为了不重蹈那位助手的覆辙，每个向往成功、不甘沉沦者，都应该牢记先哲的这句至理名言："最优秀的就是你自己！"

是的，"最优秀的是你自己。"很多时候，我们面对困难，不敢大步向前，错失良机，其主要原因是因为缺乏自信。

有人问居里夫人，您认为成才的窍门在哪里？居里夫人肯定地说："恒心和自信心，尤其是自信心。"莎士比亚也说："自信心是走向成功的第一步。"信心是惊雷、是骤风，横扫一切拖沓、迟滞、忧郁与懒惰；信心是战鼓、是号角、是旌旗，激励斗志，催人奋进，勇往直前，迎接挑战；信心是阳光、是雨露、是琼浆，助人思维敏捷，精神抖擞，挥洒一切。信心使潜能释放，使困难后退，使目标逼近。信心是发挥主观能动性的阀门，是启动聪明才智的马达，是战胜自己、告别自卑、摆脱烦恼的一剂良药。拥有信心就拥有无限机会。

因此，面对困难，饱含一颗自信心，人生的帆船就不可阻挡，任其遨游。

◆◆智慧典藏◆◆

　　信心是力量，信心是奇迹，信心是创立事业的资本，信心是命运的主宰，有信心就能成功。

身安不如心安，屋宽不如心宽

——心宽一尺，路宽一丈

老人们常挂嘴边的："身安不如心安，屋宽不如心宽"，说的是身体安全不如心神宁静，心情好远远强于住房宽敞。它是人们幸福生活的秘诀，身体健康、环境安逸不如心里安宁平和惬意，无牵无挂，无忧无虑。因此，想生活地安心幸福就要我们有一种宅心仁厚，厚德载物，心胸宽广的宽心。

心宽一尺，路宽一丈。一个人如果心放宽了，世界就敞亮了，眼前总是海阔天空，脚下总是平坦大道，心中也总是阳光明媚，即使有伤心落寞，云朵很快就会散去，不会在心上留下一些阴影。有句话说得好：发上等愿，结中等缘，享下等福；择高处立，就平处坐，向宽处行。对我们而言，"向宽处行"是生活至理，只有把心放宽，道路才不会拥挤，血脉才不会堵塞，生活才不会失意。凡事将心放宽，人生就会海阔天空。

美国，有一对幸福的夫妻生了一对可人的双胞胎女儿，姐姐琳达、妹妹露西，因为家庭殷实，这对姐妹从小就接受了良好的教育。在她们满16岁生日的那一天，父亲问两个女儿："你们在学校过得快乐吗?"

"爸爸，我很快乐! 对我而言，学校就是天堂。那里的老师都非常和蔼可亲，同学之间也都友爱善良，就连食堂保洁的阿姨每天都笑眯眯，每天跟她们相处，我觉得我很幸福，快乐极了。"琳达说完，满脸洋溢着笑容。

父亲听完琳达的话，高兴地点了点头，他又把目光转向了妹妹露西的身上。

"爸爸，我在学校糟糕透了，对我而言，学校就是地狱。虽然我跟姐姐在同一个班级，但是我觉得那里的老师对我一点都不好，没有一点人情味，同学们的忌妒心也很强，就连食堂的阿姨，虽然每天笑着，但谁知道她心里在想些什么呢?"

父亲听完露西的话，沉默了。

若干年后，这对双胞胎姐妹长大了，但她们的人生却有了天壤之别。姐姐琳达毕业后，很快找到了一份满意的工作，接着找到了男朋友，幸福地恋爱，结婚，生子，一家人过着天堂般的生活。而妹妹，不停地抱怨工作不理想，领导不赏识自己，同事排挤自己; 不停地抱怨男友不英俊，没有挣大钱的本事，学历不高……在抱怨中，她不停地换工作和男友，结果把自己的生活弄得一团糟，真的就像生活在地狱一般。

同样的生活环境，接受同样的教育。两姐妹的命运为什么有如此大的差别呢？这其中的关键因素就是姐姐心胸豁达，凡事多看美好的一面，所以她的生活也是美好的。而妹妹，心胸狭窄，凡事总是看到阴暗的、消极的一面，所以她的生活就不尽如人意。

心宽一尺，路宽一丈。心若计较，处处都有怨言；心若放宽，时时都是春天。在生活面前，只要有一颗平常心，无论是风平浪静，还是波涛汹涌，都能够从容应对。凡事往积极的方面想，内心就会时常充满阳光，生活就会处处散发出迷人的芳香。心宽体胖，心静如水，心胸豁达，才会感悟幸福，生活才会越过越有滋味。

在英国，有两个人因为偷了羊而被追捕了，根据当时法令，囚犯都要被刺字、发配。在发配途中，因为家人筹足了赎款，于是，他们两人被放回了家。可是烙在前额的两个英文字母ST却再也不能去掉。ST是"偷羊贼"（Sheep Thief）的缩写，这种刑罚在很多人看来不地道，但是在当时却被认为是惩罚犯罪分子的最佳手段。因为烙在前额上的字母永远都去不掉，所以人们要想不遭受这种羞辱，不到万不得已就不会以身试法。而这两个人因一时的贪心，所以不得不带上它一辈子，继续在人们的面前生活和工作，这对于任何一个有着羞耻之心的人来说，都是一种难堪，也是一种考验。

他们当中的一人，回到家后，通过镜子看到自己脸上的烙印，觉得这实在是一种奇耻大辱。他简直不敢想象怎样出去面对那些爱说闲话的邻居。所以，他整天都不敢出门，最后终于连家人的眼神都忍不了，于是就移民到了另外一个国家，希望到一个没有人认识他的地方重新生活。可是，当他到达这个陌生的国家时，只要有人见到他额头上的烙印都会问他是什么意思，每每听到这些，他的心情总不能平静，每天都苦不堪言，终于抑郁而终。死后，有好心人按照他的遗愿将他埋在了一处荒山野岭之中。那个地方只有他的一座孤坟，也许从此以后他才算免去了心头的羞辱，因为那个地方几乎没有人去。

而另一个人却跟他不一样，他虽说同样深知以后的处境，而且他同样对自己过去犯下的罪行感到羞愧。可是他并没有像前一位那样远走他乡，而是在人们异样的目光下和一些人明里暗里的嘲讽中留了下来。他心想：虽然我无法逃避偷过羊的事实，但我仍旧要留在这里，赢回我曾经亲手葬送的声誉，赢回众人对我的尊敬。从此以后，他靠自己的双手辛勤劳作，用自己的劳动果实孝敬父母，养育儿女，帮助邻里。一年一年地过去了，他又重新建立了真正的名誉。时间一晃，他已是一位白发苍苍的老人。有一天，一位外地人看到老人额头上的字母，就问他究竟是什么意思。那个当地人说："他的额上有两个字母，已经是多年以前的事了，我也忘了这件事的细节，不过我想那两个字母是'圣徒'（saint）的缩写吧。"

第一个人之所以一辈子闷闷不乐，最后郁郁而终，是因为他心里放不下对自己的抱怨，所以面对自己已经犯下的错误，选择了逃避。而第二个人能够放下抱怨，理智地面对曾经犯下的错，并努力改正，这是一种明智的选择。因为，当我们放宽心的时候，自己的人生路就会豁然开朗。放宽心，也是给我们自己更多的选择。

心宽一寸，受益三分，心宽路就宽，心窄路就窄。把心放宽了，自然天高地阔，清风明月，那些你所追逐的幸福就会从你的摒弃中悄然而至。

◈❀智慧典藏❀◈

一个人如果心宽了，才能保持精神的愉悦，心理的健康，让快乐和轻松常伴；心宽了，才不会向困难与厄运低头。心宽的人，人生之路越走越宽，日子越过越红火；心胸狭窄之人，人生之路越走越窄，日子越过越没有生机。

下篇 **做事课:**

做事有道,坚持原则

第五章　人生常识课

不经寒冬，不知春暖

——生活就是先苦才能后甜

不经彻骨寒，哪得梅花香；不经过痛苦，就不会知道成功的滋味；没有体会过冬天的寒冷，就不会觉得春天有多温暖。千古老人言："不经寒冬，不知春暖。"生活的真谛就是先苦才能后甜，苦尽才能甘来。生活是来之不易的，让我们好好珍惜、热爱我们今天的生活吧。

元代关汉卿《蝴蝶梦》第四折："受彻了牢狱灾，今日个苦尽甘来。"元代武汉臣《玉壶春》第三折："你休烦恼，少不的先忧后喜，苦尽甜来。"《初刻拍案惊奇》卷二二："贫贱之人，一朝变泰，得了富贵，苦尽甜来，滋味深长。"生活就是不经过痛苦，就不会知道成功的滋味。

一个女孩独自坐在咖啡厅，由于心情不好，她便叫了一杯柠檬茶，心烦意乱地不停搅动着面前的那杯清凉的柠檬茶，泄愤似的用勺子捣着杯中未去皮的新鲜柠檬片，柠檬片已被捣得不成样子，杯中的茶也泛起了一股柠檬皮的苦味。

女孩叫来服务员，要求换一杯削掉皮的柠檬茶。服务员看了一眼女孩，没有说话，拿走那杯已被小女孩搅得很浊的柠檬茶，又端来一杯冰凉的柠檬茶，只是茶里的柠檬还是带皮的。原本就心情不好的她更加恼火起来，她叫过服务员大声地对他说："你没听见嘛，我叫你给我换一杯没带皮的柠檬茶？"服务员看着她，十分冷静地说："小姐，你不要着急，你知道吗，柠檬皮经过充分浸泡后，它的苦味就会溶解于茶水之中，那将是一杯清爽甘甜的味道，正是现在的你所需要的。所以请不要急躁，不要想在几分钟之内就把柠檬的香味全部挤出来，那样只会把茶搅得很浑，茶就没有什么味道了。"

女孩愣了一下，心里有一种被触动的感觉，她望着侍者的眼睛，问道："那么，要多长时间才能把柠檬的香味发挥到极致呢？"

服务员笑了笑说："12个小时。12个小时之后柠檬就会把生命的精华全部释放出来，你就可以得到一杯美味至极的柠檬茶，但你要付出12个小时的忍耐和等待。"服务员停了停，继续说道："其实不只是泡茶，生命也是这样，最先是苦的，但是只要你肯付出12个小时的忍耐和等待，就会发现，生命是那么地美好。"

女孩看着他："你是在暗示我什么吗？"

服务员微笑着说："我只是在教你怎么泡制柠檬茶，随便和你讨论一下用泡茶方法是不是也可以泡制出美味的人生。"服务员鞠躬、离去。

女孩面对一杯柠檬茶静静地看着杯中的柠檬片，她看到它们呼吸，它们的每一个细胞都张开着，有晶莹细密的水珠凝聚着。她被感动了，她感到了柠檬的生命和灵魂慢慢升华，缓缓释放。12个小时以后，她品尝到了她有生以来从未喝过的最绝妙、最美味的柠檬茶。

泡制柠檬茶是一个过程，在其过程中，美好的滋味都是经过漫长的等待和痛苦而来的，要想品尝到它真正的独到之处，唯有通过耐心地等待才能苦尽甘来。其实，生活也是同样的道理：先苦才能后甜。无论我们做什么，如果不经过漫长的煎药，我们是不可能品味到成功的喜悦的，"不经历风雨怎能见到彩虹呢？"

有这样一个故事：

一位在事业上屡屡受挫的年轻人，在极为绝望的情况下，找到一位智者寻求解脱之路。智者听了他的经历之后，并未说什么，只是拿出一盒新茶，两壶水，两只茶杯。他先动手用温水给年轻人泡了一杯茶，问道："这茶香吗？"年轻人闻了闻摇了摇头，说："不香。"智者说道："不可能吧，这可是上等的茶叶啊！"年轻人就又喝了一口，依然摇了摇头。

智者微笑着取了一壶沸腾的水高高地往茶杯里冲了下去，并且杯中的茶随着茶叶的翻滚，香气如袅袅薄雾清新而出，沁人心脾。

年轻人终于顿悟了，茶要在沸水中冲入之后，才能散发出阵阵的浓香，人生也只是经历磨炼之后，最终才能恢复坦然美丽。

英国海军上将佩恩曾说："没有播种，何来收获；没有辛劳，何来成功；没有磨难，何来荣耀；没有挫折，何来辉煌……"生活就是这样，先苦才能后甜。而现实生活中，很多人不想通过自身努力而追求奢华的生活，这种想法是错误的。因为，生活若是先甜后苦，会让后面的苦显得更苦；而如果是先苦后甜，则会让后面的甜更甜。

其实，先苦后甜包含着深邃的道家思想，苦和甜是两种截然相反的味道，然而两者可以转化。人生就如同泡茶，刚开始泡的新茶较浓，味苦，后来反复冲泡后就会慢慢变甜。懂得这个道理，就可以用来鼓励我们不要在意现在的艰苦而要保持乐观的态度，看到前途的光明。

◆◆◆智慧典藏◆◆◆

生活就像一杯茶，热爱生活的人会从中品出无穷无尽的美妙，将它握在手中仔细观察，它的暗黑色中有红的感觉，那正是生命的痕迹；抿一口留在口中回味，它的苦涩中夹杂着丝丝甘甜，如人生一般复杂迷离；喝一口下肚，余香沁人心脾，让人终身受益。

前人栽树，后人乘凉

——取之于人，用之于己

世间万物本是相辅相成的，互相补充，共同发展。金无足赤，人无完人，唯有借助他人的力量，取长补短，为我所用，人才能得到最好的庇佑，获得更好的发展。正如老人们所说的："前人栽好了树，后人好乘凉。"

不懂得或不善于利用他人力量，光靠单枪匹马闯天下，在现代社会里是很难大有作为的。

古人说："下君之策尽自之力，中君之策尽人之力，上君之策尽人之智。"一个人能竭尽自己的能力去完成一项事业，这是难能可贵的。但是，在当今社会，门类繁多，分工越来越细，仅靠自己的力量去完成一项事业是做不到的，必须要借助别人的力量才能攻克。

"好风凭借力，送我上青天。"善于借助别人力量的，就如同众人帮助你往火中添材，越烧越旺。

美国的安德鲁·卡内基白手起家，成为世界钢铁大王，这在钢铁行业乃至其他行业中实属奇迹。他未受过高等教育，更未学习过钢铁知识，他获取成功的最主要的一条秘诀就是借助他人的智慧成事。

这位白手起家的钢铁大王，一度有40多个百万富翁为之工作。1912年，卡内基更是以年薪100万美元聘请夏布先生出任钢铁公司第一任总裁，这一消息不但震惊美国，全世界亦为之咋舌。

卡内基为什么会如此大手笔呢？原来他深知夏布有高超的企业管理才能，相信他创造出的价值一定会远远大于给他的工资。

果然，夏布第一天上任就使钢铁公司每班产量提高15吨左右，从每班产6吨升为7吨，在同等的设备、人力和物力投入的情况下，产量成倍增加。卡内基的钢铁公司自从夏布任总裁后，迅速扭亏为盈，卡内基所得的利润比夏布所得的工资多了成百上千倍。

世界亦为之咋舌的重金聘任事件，就这样开启了一系列吸引全世界人眼球的事件，并最终将没学过钢铁知识的创业者推上了"钢铁大王"的宝座。借助他人的力量成事的巨大重要性在此得到最直接的凸显。

在各个领域，大凡成功者都有一套善于"借"的本领，牛顿曾说："我成功靠的是站在巨人的肩上。"阿基米德有这样一句流传千古的名言："假如给我一个支点，我就能撬起地球。"

登高而招，臂非加长也，而见者远；顺风而呼，声非加疾也，而闻者彰。假舆马者，非利足也，而致千里；假舟楫者，非能水也，而绝江河……善借外物是成功的阶梯。

雄鹰借助蓝天，实现了翱翔苍穹的梦想；蓝天留给雄鹰，成就了自己的深邃和宽广。小草借助泥土，才得以生长；泥土将生命奉献给小草，换来了满地的生机。站在历史的长廊边，回望那奔流不息的滚滚河水，无人不惊叹：有多少帝王将相无不是凭"借"成其千古伟业。

世间万物本是相辅相成的，互相补充，共同发展。金无足赤，人无完人，唯有借助他人的智慧，取长补短，为我所用，人才能获得成功。借他人之智，并不是说，把别人的东西都拿来，也得取其精华，弃其糟粕，能为自己所用。

有一天，佛陀带领弟子们来到大江边准备渡江，江水汹涌澎湃。佛陀俯身拾起一块石头，问弟子们："我把这块石头扔在江中，你们说，它是浮着，还是沉没？"

弟子们都默不作声。心想："这么简单的道理还用问吗？"只见佛陀一扬手，将石头掷了出去，石头落入江中。弟子们只好如实回答："石头沉没了。"

佛陀叹息了一声，说："是啊，这块石头没有缘分啊！"经佛陀这一说，弟子们更加莫名其妙了。

接着佛陀又说："有一块石头，三尺见方，将它放在江中，不但没有沉没，而且还过江而去，大家知道这是怎么回事吗？"弟子们搜索枯肠、冥思苦想也不得其解。

佛陀说："其实很简单，因为那石头有善缘，就是船，将石头放在船上，石头就不会沉下水去了。"

弟子们才恍然大悟，回过神来。

人生也是如此，只有遇上善缘，获得他人的相助就能"过江"，获得成功。凡事不能只靠自己，学会适时地借助他人的力量，这不仅是一种智慧，更是一种无穷的力量。

在"经济全球化"的今天，我们更应该彼此互借，互相弥补。他山之石，可以攻玉。善于借助他人，而用于自己能使自己超过他人，获得成功。

> ◀《智慧典藏》▶
>
> 美好生活的智慧，就是取之于人，用之于己，善借他人力量，是必不可少的成事之道。

马看牙板，人看言行

——懂得察言观色

根据马的牙板，我们可以推知马的年龄；观人的言、行，可以读懂他是一个什么样的人。老话，"马看牙板，人看言行"说的就是这个意思。因为根据牙齿的数量、形状及其磨损程度，可以得到马的年龄及干活能力；因为一个人的最真实的一面，总会透过言、行表现出来。知道这一规律后，我们可以轻松识破人，与人相处就容易多了。懂得察言观色是生活的一门技巧。

言辞能透露一个人的品格，表情眼神能让我们窥测他人内心，衣着、坐姿、手势也会在毫无知觉之中出卖它们的主人。言谈、举止能告诉你一个人的地位、性格、素质及至流露内心情绪。察言观色是一切人情往来中操纵自如的基本技术，懂得察言观色是生活的一门技巧。懂得察言观色的人，生活处处顺心、顺畅。相反，不懂得察言观色，等于不知风向便去转动舵柄，一个人就会处处碰壁。

清代，广西有一个举人是一个不懂得察言观色的人。经过三科，又参加候选，终于谋得了山东一个小县县令的职位。上任期间，第一次去拜见上司，不知道说什么话才好。进门以后，沉默了一会儿，突然问道："大人尊姓？"这位上司很是吃惊，很不耐烦地说了某姓。

县令低头想了很久，说："大人的姓，百家姓中所没有。"上司更加吃惊，不得已，随便说了一句，"我是旗人，怎么会出现在百家姓里呢？贵县难道不知道吗？"

县令听完上司的回答，站了起来，说："大人在哪一旗？"上司说："正红旗。"县令说："正黄旗最好，大人怎么不在正黄旗呢？"上司勃然大怒，问："贵县是哪一省的人？"县令说："广西。"上司说："广东最好，你为什么不在广东？"县令吃了一惊，这才发现上司满脸怒气，赶快走了出去。

第二天，上司令他回去，不再任用。

在与人打交道的过程中，对其言、行的观察，能够让我们洞悉其内心，抓住事物的本质，若像这位举人一样，生活中不懂得察言观色，弄不好大船也会在小风浪中翻船。

从前，江苏一乡下农村有两兄弟，已分家多年。哥哥是个败家子，分家以后不久，便把家产挥霍一空，然后去找弟弟救济。

一天，哥哥两口子跑去弟弟家借钱，正好弟弟不在家，只有弟弟的媳妇正在家中做饭，两人便拉起了家常话。

不久，弟弟从农地里干活回来，便急呼自己饿了，于是妻子马上给他盛了饭，丈夫便狼吞虎咽地吃了起来，吃完后片刻。忽然弟弟腹痛难忍，倒在地上翻滚了一阵，便七窍流血而死。妻子大惊失色，不知丈夫怎么会突然死去。

"大家快来看，弟媳妇谋杀亲夫了。"哥哥的媳妇喊道。

哥哥告到官府，官府并对弟媳进行严刑拷打，她受不了残酷的刑罚，便屈供了"与人通奸谋杀亲夫"。

后来，有个总督到江苏考察，看到这个案子，便觉得特别奇怪，心想："哪有大白天当众谋杀亲夫的?"于是，他决定重审此案，便叫下人传来有关人员进行询问。

第二天，总督再次升堂，又把有关人员全部传来，说："昨晚，死者托梦给我说，毒死他的人，左手手掌颜色会变青。"边说边看了众人一遍。又说："死者还讲：毒死他的人白眼珠会变黄。"说完又自己打量众人。

突然拍案指着哥哥的媳妇说："杀人者就是你!"

"她杀了自己的男人，怎么反倒是我呢?"那女人大为惊慌，连声说道。

总督说道："我说杀人者左手会变青，而你看了你的左手，这是你自己供了；我又说杀人者白眼珠会变黄，别人都不动，唯独只有你的丈夫看了你的眼睛，这是他把你供了。你还不招供?"

哥哥的妻子只好说出实情。原来，哥哥夫妇早就有心吞掉弟弟的财产，每次去借钱都带有毒药，那天就放了毒药。

一大冤案，仅过了两堂，寥寥数语，便全部昭雪，大家称颂总督神明。

总督连忙解释道："不是我有多神明，我只是按了四字诀办理此案，即察言观色。"

生活中，我们如能真的懂得察言观色，随机应变，也是一种本领，一种不可多得的技巧。如一个人的谈吐能直接反映出一个人是博学多识还是孤陋寡闻，是接受过良好教育还是浅薄无知。如果一个人言谈得体，与这种人交往时，我们就要更加注重内在的表述；举止礼仪是自我心诚的表现，一个人的外在举止行动可直接表明他的态度。做到彬彬有礼，落落大方，遵守一般的进退礼节，尽量避免各种不礼貌、不文明习惯；古人云："相由心生，衣如其人。"人的善恶来自于内心，却可以在人的面相上显现出来，人的性格来源于本性，却可以从穿衣服上体现出来。如性格外向的人一般比较喜欢明朗、奔放、时尚的服饰，它折射出对生活的一种向上、活泼的情绪；而性格内向的人一般会选择端庄、稳重、大方的服饰。

老人言："马看牙板，人看言行。"一个人的言、行可以直接反映他的地位、性格、素质、修养以及精神面貌。因此，生活中，我们不仅可以依靠言、行去判断、推测一个人，更重要的是我们也应观察自己的言、行，做好自我的标签，提升自己的境界。这不仅是对别人的尊重，也是对自己的提高。

智慧典藏

人际交往中，对他人的言语、表情、手势、动作以及看似不经意的行为有较为敏锐细致的观察，是掌握对方意图的先决条件，掌握这些就可以见风使舵，同时在这种行为过程中，观察自己的言行，是提高自身境界的一种有效的方式。

一日之计在于晨，一年之计在于春

——抓紧时间，早做打算

国人素有"一日之计在于晨，一年之计在于春"之说。这句话是我们的老人在千百年的生产实践中总结出来的一条经验，它强调了晨、春在一天、一年四季中所占的重要位置。晨、春都是世间万物开始的时候。晨，新的一天开始，处处充满朝气、处处充满活力；春，万物复苏的时节，处处充满生机，处处充满希望。在这些个美好的时刻里，只有在早晨或是春天播下希望的种子，秋天才会有丰硕的收获。"一日之计在于晨，一年之计在于春"这句话旨在告诉我们，抓紧时间，凡事要趁早。

中华民族是个勤劳的民族，起早贪黑。鲁迅先生课桌上的"早"字，更是醒目。或许是日子久了，"早"便成了中国人的潜意识：凡事要趁早。早做打算，未雨绸缪，早才有早成的机会，早才有改正的机会，早才有输得出的资本。

在森林里，阳光明媚，鸟儿欢快地歌唱着，辛勤地劳动着。其中有只寒号鸟，仗着一身漂亮的羽毛和嘹亮的歌喉，便到处卖弄自己的羽毛和歌声，看到别人辛勤地劳动，反而嘲笑不已。好心的百灵鸟提醒它说："寒号鸟，块垒个窝吧！不然冬天来了，你怎么过？"

寒号鸟轻蔑地说："冬天还早呢，着什么急呢！趁着现在的大好时光，快快乐乐地玩吧！"

就这样，日复一日，冬天眨眼就来了。鸟儿们晚上都在自己暖和的窝里安然地休息，而寒号鸟却在夜间的寒风里，冻得瑟瑟发抖，用美妙的歌喉悔恨过去，哀叫未来。

第二天太阳出来了，万物苏醒了。沐浴在阳光中，寒号鸟好不惬意，完全忘记了昨晚夜里被冻的痛苦，又快乐地唱了起来。

有鸟儿劝它："块垒窝吧！不然晚上又要发抖了。"

寒号鸟嘲笑说："不会享受的家伙。"

寒冷的夜晚又来临了，寒号鸟又开始重复着昨晚的故事，就这样重复了几个晚上，大雪突然降临，鸟儿们奇怪寒号鸟怎么不发出叫声了呢？太阳一出来，大家才发现，寒号鸟早已被冻死了。

凡事预则立，不预则废。凡事做好准备。每一天都可以很轻松地达成你的目标。所有成功的人，都是凡事有准备的人。相反，那些不珍惜时间，没有早做打算的人，最终只能陷入无尽的痛苦中。

凡事都要趁早，拖久必变。爱因斯坦曾说过："机遇只偏爱有准备的头脑。"很多时候，因为我们事先没有做好准备而失去了很多机会。包括生活、事业、情感等诸多的方面和事物。我们会在不经意间，在最美好的时间里，错过了自己一生中极为重要的人和事，从而失去了永久的幸福和快乐。

春种一粒粟，秋收万颗子。鲁迅先生说："时时早，事事早。"他就是这样毫不松弛地奋斗了一生，在文学上取得了许多令世人瞩目的成就。林语堂说："早做准备，才能事半功倍。"他一生应邀举行过无数场演讲，但是他不喜欢别人未经事先安排，临时就要他即席演讲，他说这是强人所难。他认为一场成功的演讲，只有事先经过充分的准备，内容才会充实。

时间似清清的流水，你听不见它流逝的声音，也阻止不了它前进的步伐。明日复明日，明日何其多；我生待明日，万事成蹉跎。人生苦短，时光如梭。所以，凡事要趁早，想做什么事情就抓紧去做吧。昨天已经逝去，明天遥不可及，为了让每一个春天的每一个早晨都变得更加有意义，让我们抓紧时间，把握今天，做好准备！

◈◈智慧典藏◈◈

凡事都要趁早吗？当然不是！凡事要趁早不应成为我们做事唯一的准则。过分地追求"早"只会让我们操之过急，忘记了事物本身拥有潜在的自然规律。我们不该只一味地求"早"，而应顺应事物规律，当早则早，切勿过分强求，更不可赶超，这才是明智之选。

留得青山在，不怕没柴烧

——抓住根本，轻松生活

有青山在，当然有柴烧，因为有生命力的树总是会生长的，所以我们要"留得住"青山。世上万物都如此。老人有言"留得青山在，不怕没柴烧"，比喻只要基础或根本还存在，其他问题都可以得到解决。文字简朴又寓意深刻，它传达的是一种乐观、积极的人生态度，引领着我们积极向上的人生观与价值观！

《红楼梦》第八二回中也写道："姑娘身上不大好，还得自己开解着些。身子是根本，俗语说的：'留得青山在，依旧有柴烧。'"明代凌蒙初《初刻拍案惊奇》卷二十二写道："留得青山在，不怕没柴烧。虽是遭此大祸，儿子官职还在，只要到得任所，便好了。"……可见，干什么事都还是要有"留得青山在"的本钱。只要能保留最根本的条件，暂时遭受损失或挫折无伤大体。

下面来看一个寓言故事：

古时候，有个做木材生意的商人，他有一大片山林。他生前有个愿望，就是在他死后，将这片山林分别分给他的大儿子青山，小儿子红山。商人快去世时，把山林以东的地方给了青山，山林以西的地方给了红山。

西山树木稠密，能找到很多很好的木材。红山很勤快，辛辛苦苦地砍伐木材，日子过得很富裕，但过几年后，树都被伐光了，于是红山就在岗上种起了庄稼。不料一场暴雨过后，种在地里的种子全部被大水冲走了。他没有吃的，只好去东山投奔哥哥。

东山原来树木稀少，但青山很会规划，他先把不成材的树木伐了，然后又种上新苗；他在山下开荒种田，养牛喂马。前几年生活很贫困，但几年后，山上的树苗长大了，山下庄稼连片，牛羊成群。下那场暴雨时，因为有树木防护，所以庄稼一点也没受损害。红山见哥哥这边山清水秀，一片兴旺，非常奇怪，就问哥哥其中的缘故。哥哥语重心长地告诉他说："你吃山不养山，终究会山穷水尽；先养成山后吃山，才会山清水秀啊！"

后来，人们都称赞青山说："留得青山在，不怕没柴烧。"

"留得青山在，不怕没柴烧"是一种长远的生活眼光，一种持续努力的生活意识，一种积极乐观的生活态度。

俗话说："人生不如意之事常十之八九。"生命中或许会遇到很多挫折和失败，面对挫折、失败，"留得青山在，不怕没柴烧"这句话显然成了对人们心灵最好的抚慰，只有你能留下最根本的条件，万事皆有缓和的余地。

据《后汉书·杜根传》的记载，杜根字伯坚，是颍川定陵人，从小就有志向和气节。杜根性格耿直，东汉安帝时任郎中，当时，和熹邓太后执政，权力集中在外戚。杜根认为安帝长大了，应该亲自处理政务，就和同时郎一起上书直接进言。太后大怒，命人把他装在麻袋里摔死。执法的人认为杜根很有气节，私下示意施刑人手下留情，然后用车把杜根接出了城外，杜根才得以苏醒过来。太后命人来检查，杜根为了自己的理想，为了活命，就故作假死，装了三天，直到眼睛生了蛆，太后以为他死了，这才得以逃脱，躲了15年。邓太后死后，杜根复出，官拜侍御史。

后来，辞官返回故里，享年78岁。

杜根可谓深谙"留得青山在，不怕没柴烧"的奥妙，因为他知道，只要自己人还在，总会有从头再来的那一天。由此可见，"留得青山在，不怕没柴烧"是一种积极的生活态度。

中国有句古语："宁为玉碎，不为瓦全。"历史上，人们对于"玉碎"和"瓦全"却有着不同的选择。屈原"宁赴常流葬乎江鱼腹中"也不愿"以皓皓之白，而蒙世之温蠖"，为尽节、为守忠、为一身清白碎成满地璀璨；而司马迁却"隐忍苟活，幽于粪土之中而不辞"，最后为人类留下了"史家之绝唱，无韵之离骚"的文化瑰宝；孙膑隐忍苟活而大败庞涓；韩信受胯下之辱而忍辱负重，终成大器。

的确，"玉碎"者是英雄，"瓦全"者也可能是英雄。英雄的"玉碎"出于道义，英雄的"瓦全"出于责任。生命只有一次，只有你抓住根本，懂得保留，人生处处充满阳光，处处散发着跃动的生机。

◆❈智慧典藏❈◆

不是所有的智者都"宁为玉碎，不为瓦全"，不是所有的鲜花都开在春天，生命固有灰暗的时候，但保留根本的下一站就是生命的春天。

靠山吃山，靠水吃水

——立足实际情况，发挥自身优势

自古以来，中国有句老话"靠山吃山，靠水吃水"。这句话是老人们从生活实践中总结出来的。它是说立足于实际情况，发挥自身优势，争取更大利益的写照。"靠山吃山，靠水吃水"，这是乡土饮食文化的一大特点。但是，从本质上说，现实生活中"靠山吃山、靠水吃水"其内涵和指导性意义仍有其正确性和普遍性。

老人言："靠山吃山，靠水吃水。"意思是人们依靠其所在的自然环境生存、繁衍。然而随着社会的发展，人们将这句古语的内涵逐渐扩大，现在已发展到人们所在的所有的地方。"靠"有倚着、挨近、接近之意。靠山吃山、靠水吃水是凭借临近"山水"的优势，换句话说，就是利用身边有利的资源，进行整合、规划而求得发展。

《兵经百篇》中云："艰于力则借敌之力，难于诛则借敌之刃，乏于财则借敌之财，缺于物则借敌之物。"也就是告诉我们要懂得利用好身边的有利资源，利用别人的智慧和力量。生活中，我们身边有利的资源很多，只要你耐心去观察，懂得因地制宜、因势利导这一思维方式，那么完全可以"靠山吃山，靠水吃水"。

从前，有一农民，他以刻石为生。一次，他上山无意中发现了一些奇形怪状的石头。他十分高兴，听说城里人喜欢这些形状奇怪的石头，于是他拿起锤子、钢钎，把那些奇形怪状的石头凿下来，然后搬到城里去卖，5元钱一吨，这样一年下来一个劳动力可以获得20000元的收入，这可比种地赚得多了。

后来，他再次进城推销这些石头的时候，发现这种被卖到城里的石头，都被他们在自家花园里垒成了假山，一吨可得工艺费八九十，于是，他学着垒假山，就这样，一吨石头从原来的5元，变成了90元。这样自然比以前挣的钱更多了。

再后来，他去了城里的公园，发现卖进城里较大的那些石头，被雕刻成了石像，供人们观赏，这样值更多的钱，于是，他把那些较大的石头做成了各种各样的雕像，卖到了全国各地，他也因此而成为了当地有名的富翁。

这个农民之所以能富裕起来，就是因为靠山吃山，靠水吃水，善于利用身边的资源创新而来的。"靠山吃山，靠水吃水"，这是生活中一盏四通八达的绿灯，只有我们充分地利用身边的资源，懂得去开发它，这对我们本身的前途而言，也是一个很好的出路。

战国的时候，齐国孟尝君就是善于利用身边资源的人。他喜欢招募门客，号称宾客三千，让他们各尽其能。

有一次出使秦国，秦王欲囚禁孟尝君。秦昭王有个最受宠爱的妃子，于是孟尝君派人去求她救助。妃子答应了，条件是拿齐国那一件天下无双的狐白裘做报酬。可是这件狐白裘已经献给了秦昭王，正好跟随孟尝君的门客中有人善于偷盗，于是孟尝君就叫他潜进秦王的库藏将白狐裘偷出来，然后献给秦王的宠姬，这样孟尝君才得以逃脱。

孟尝君被释放不久，秦王后悔了，又派人去追赶他，将他关了起来。关防的地方规定，需等晨鸡叫了才可以开关放人通行。这时，天色尚早，不到晨鸡叫的时候，又怕后面有追兵，孟尝君门客中有人善于模仿鸡鸣，孟尝君就叫他学鸡叫。这人就学鸡叫，数声后，附近的公鸡都叫起来了，守关的士兵就开关放人通行。孟尝君就这样安全脱险归国了。

孟尝君就懂得靠山吃山、靠水吃水的道理，懂得因势利导，善于利用身边的资源，而最终，保存了自己的性命。

"靠山吃山，靠水吃水"，如此简短的八个字，却能概括如今社会上的一切。它是人们对待生活的一种变通，也是人们对待生活一种无上的智慧，是山重水复疑无路，柳暗花明又一村的希望。古语有云："穷则变，变则通"。人只要懂得变通，生活处处有源泉。

智慧典藏

明代冯梦龙在《醒世恒言》中写道："靠山靠水，不如靠自己。"靠山吃山，靠水吃水，不是"好高骛远"、"缘木求鱼"……而是要立足自身实际，提高自身能力，依靠自身实力，才是长久之计。

馋人家里没饭吃，懒人家里没柴烧

——"勤劳"是幸福生活的基本要素

人生有四说：奋斗说，人生就是逆流而上的风帆；挫折说，人生就是坎坷曲折的山路；苦难说，人生就是卧薪尝胆的信念；勤劳说，人生就是辛勤耕耘的劳作。逆流而上、卧薪尝胆、缓缓上爬、辛勤劳作是获得幸福的基础。老话说"馋人家里没饭吃，懒人家里没柴烧"，馋人、懒惰是致使贫穷的根本原因，要想获得幸福的生活，唯有勤劳这把耕耘大自然的犁耙，才能铸就幸福生活。

张衡说："人生在勤，不索何获？"清代满保说："山花开处不知名，野水浇田细有声。经岁谁怜农父老，辛勤一半代牛耕。"勤劳是幸福生活的要素，一个人，想追求幸福，起码先得求生存，有生存才能求发展，自立是生存的基础，那么首先就得自立。想自立，就得"勤劳"：脚踏实地，埋头苦干，勇往直前。只有靠勤劳的双手，才能创造幸福的生活。

有这样一个故事：

古时候，在伏牛山下住着一个叫吴成的农民，他家祖传着一块"勤俭"的横匾，从祖辈开始，日子在这一带过得不错，自然到了吴成这一代也是遵循祖传的家训，他一生辛勤劳作、勤俭持家，因此，一家人也过得无忧无虑，十分美满。在他临终时，也自然把这块横匾传给他的儿子，告诫他们说："你们要想一辈子不受饥挨饿，就一定要照这两个字去做。"后来，兄弟俩分家时，将匾一锯两半，老大分得了一个"勤"字，老二分得一个"俭"字。

老大也学父亲，将"勤"字恭恭敬敬地挂在高堂上，每天"日出而作，日落而息"，年年都是大丰收，日子也过得无忧无虑。但是，他的妻子却是大手大脚，经常将吃不完的东西扔掉，久而久之，家里就没有多少余粮了。老二自从分得"俭"字匾后，同样遵照父亲的遗愿，把"俭"字当作"神谕"供放中堂，却把"勤"字忘到九霄云外。他疏于农事，又不肯精耕细作，每年所收获的粮食就不多。尽管一家几口节衣缩食、省吃俭用，毕竟也是难以持久。

有一年这里碰上旱灾，这一带家家户户收成都不好，自然老大、老二家的收成也是空空如也。他兄弟二人情急之下扯下字匾，将"勤""俭"二字踩碎在地。这时候，突然有纸条从窗外飞进屋内，兄弟俩连忙拾起一看，上面写道："只勤不俭，好比端个没底的碗，总也盛不满！""只俭不勤，坐吃山空，一定要受穷挨饿！"

兄弟俩你看看我，我看看你，才恍然大悟，原来"勤"与"俭"两字是不能分家、相辅相成、缺一不可的。自此，兄弟二人汲取教训以后，他俩将"勤俭"两字又重新合在一起，挂在自家高堂上，提醒自己，同时告诫妻室儿女，身体力行，此后日子过得一天比一天好。

能勤不能俭，到头没积攒；能俭不能勤，到头等于零，勤俭才能持家。俗话说："一分耕耘，一分收获。"勤劳是幸福的基础，只有付出，才能得到。我们不能坐等其成，天上不会掉馅饼，那只是异想天开，白日做梦。只有经过辛勤劳作，才能编织幸福生活。

美国作家罗兰·英格斯·怀德在著作《大森林里的小木屋》中讲述了玛丽和劳拉一家通过辛勤劳作，从而过上了幸福、快乐的生活。

玛丽和劳拉姐妹是一对双胞胎，他们和家人辛苦地生活在大森林的一座木屋里，但是他们一家日子过得非常快乐，虽然生活艰辛，但他们从来不为此而难过，他们一家很乐观地面对这些，通过勤劳的双手，创造了幸福美好的生活。

当大森林里的寒冬来临时，爸爸就去森林里打猎，为他们的晚餐做准备，而玛丽和劳拉姐妹俩就留在家里陪妈妈，帮妈妈干家务。傍晚，当爸爸打猎回家时，全家人可开心啦。因为爸爸安全回家，同时又带回来一大只兔子。他们一家就把兔肉放在火炉上烘烤。这样，他们就可以吃上香喷喷的烤肉了。春天来啦，俩姐妹只能光着脚丫在森林里玩耍，但她们仍然很开心地玩，因为，在森林里她们能玩很多游戏，爸爸每天还是会去森林里打猎，改善一家人的伙食。夏天，她们和往年一样快乐地生活。秋天到了，爸爸就和妈妈去麦地里割麦子，玛丽和劳拉也去帮忙，一家人忙得不亦乐乎……

玛丽和劳拉一家的故事告诉我们：勤劳才能创造幸福的生活。勤劳是通往幸福之门的必经之路，没有勤劳的汗水，就没有成功的喜悦与幸福，真正的幸福绝不会光顾那些精神麻木、四肢不勤的人们，幸福只在辛勤的劳动和晶莹的汗水中聚集。

一勤天下无难事。无数事实证明了这样一个真理：幸福来自勤奋，幸福在于勤奋，勤奋让你无所不能。勤奋改变一切。它使平淡的生活变得充实，使贫困的生活变得富有。很多时候，我们不幸福、不富有，是因为我们懒惰，没有努力，不懂得用我们的双手去开创新天地，创造幸福生活、实现自己的梦想。

◆◇智慧典藏◇◆

　　幸福生活是勤奋的结果，而勤奋则是幸福生活的必备条件。勤奋是你生命的密码，能译出你一部壮美的史诗。勤奋使得初阳的第一缕曙光是为了你亮起；扑鼻的第一抹花香是为你盛开。要想获得幸福生活，就不要怕苦，不要怕累，踏踏实实，用勤劳的双手开创我们的幸福生活。

物竞天择，适者生存

——学会适应环境

　　"物竞天择，适者生存"的法则通行于自然界中任何的物种。竞天择，物竞者，物争自存也。天择者，存其宜种也。在自然界中，不论何种生物，在自然环境中，都有着优胜劣汰的自然规律，适应者存活，不适应者灭亡。它告诉我们现实社会是残酷的，只有学会适应环境，才能做主宰生活的强者。

　　"逝者如斯，不舍昼夜"，千百年来，历史长河源远流长，永不停息，人类发展生生不息，永不停歇。社会虽说千变万化，但亘古未变的定律就是"适者生存，不适者淘汰。"总而言之，世界上的万物都在不断地变化，只有我们不断学习，全力以赴去适应，才能有机会更好地发展、更好地生存。

　　在自然界，物竞天择，适者生存，是指物种之间及生物内部之间相互竞争，物种与自然之间的抗争，能适应自然者被选择存留下来的一种自然法则。而现实生活中，人也一样，我们只有不断地适应，才能生存，才能发展。

曾在《人与自然》电视栏目中，看过这样残酷的一幕。

在辽阔的非洲大草原上，烈日当空，几只彪悍的母狮在一头气势非凡的雄狮带领下，虎视眈眈地盯着在草丛中的一群羚羊，时间不到5分钟，狮子已经对羚羊三番五次地发动了进攻。从狮子们杀气腾腾的眼光和张牙舞爪的形态中可以看到，为生存而战是怎样的一派景象。在狮子一阵狂咬后，狮子们有些筋疲力尽，也有些元气大伤，于是它们调整了战略，在多次进攻中它们发现了一只较为老的羚羊，而且还是羊群中的头领。这下，狮群就不依不饶地专攻那位"领导者"。其间，老羚羊奋力反击，其他的几只羚羊也相继出来助战，营救老羚羊。几个回合下来，狮子被击退了。老羚羊回到羊群中，显得十分狼狈，还没等喘过气来，一场阴谋降临了。羊群中一头觊觎老羚羊地位已久的青壮羚羊突然向它进攻，用尖利的羊角连番几次撞向老羚羊，它筋疲力尽，打了个趔趄，跪倒在地。这时，机敏的狮子趁机迅速扑过来，将老羚羊咬死，一顿美餐就在紧锣密鼓般的气氛中开始了。羊群看着眼前的场景，只是悻悻地抬了几下头，然后跟着新一届"领导人"，继续向草原的前方走去。

大自然中的生存是残酷的，而现实同样也是残酷无情的！古往今来许多生物不能够适应时间的变化而被淘汰出局。因此，我们要想不被淘汰，让自己适应这风云变幻的社会，这样才能更好地把握自己，让自己很好地生存，从而更好发挥自己的才能，让自己对社会多做贡献。在竞争的时代，任何组织、任何组织成员要想在激烈的竞争中不被吃掉，永远立于不败之地，都必须适应它，然后不断地发展自己。

美洲鹰生活在加利福尼亚半岛上，由于工业文明对生态环境的破坏，美洲鹰适应不了新的环境，最后绝迹了。可是，在20世纪末，美国科学家、美洲鹰的研究者阿·史蒂文，却意外地在南美安第斯山脉的一个岩洞中发现了美洲鹰。这一惊奇的发现让全世界的生物科学家们对美洲鹰的未来又有了新的希望。

一般情况下，正常的一只成年美洲鹰的两翼自然展开后长达三米，体重达20公斤。美洲鹰之所以能长成巨鸟，是因为加利福尼亚半岛上的食物是否充足。可是令人十分奇怪的是，就是这样一种驰骋在海洋上空的庞然大物，竟然能生活在狭小而拥挤的岩洞里。阿·史蒂文对岩洞的考察时发现，那里布满了奇形怪状的岩石，岩石与岩石之间的空隙仅0.5英尺，有的甚至更窄。这么窄的地方别说是个庞然大物，就是一只一般的鸟类也难以穿越，那么，美洲鹰是如何穿越这些小洞的呢？为了找到答案，阿·史蒂文利用现代科技在岩洞中捕捉到了一只美洲鹰，阿·史蒂文用许多树枝将鹰围在中间，然后用树枝捆绑成一个个的小洞，让美洲鹰飞出来。美洲鹰的速度无比，阿·史蒂文只能从录像的慢镜头上细看，结果发现它在钻出小洞时，双翅紧紧地贴在肚皮上，双脚却直直地伸到了尾部，与同样伸直的头颈对称起来。显然，在长期的岩洞生活中，它们练就了能够缩小自己身体的本领。

在研究中，阿·史蒂文发现，每只美洲鹰的身上都结满了大小不一的嗉，那些嗉也跟岩石一样坚硬，可见，美洲鹰在学习穿越岩洞时也受过很多伤，在一次又一次的疼痛之后，它们终于锻炼出了这套特殊的本领。为了生存，美洲鹰只能缩小自己的身体，来适应狭窄而恶劣的环境，不然便很难得到新生。

千万年来，动物和人类都在为生存而战。如果不想被淘汰，就得像美洲鹰一样，以改变自己的方式，来适应环境。人不可能都生活在自己的意愿之中，只能是生活在对环境的适应之中。

"物竞天择，适者生存"这是自然界生物进化的基本规律。在这个变化、竞争的时代，如果你能适应这种变局，你就是生活的强者，反之，就会面临巨大的危险。古人说"天行健，君子以自强不息"，展望美好的未来，需要我们有居安思危、戒骄戒躁的意识，不断提高自我，不断发展自我，成为与自然和谐相处的强者，以求得永恒的生存与发展。

现代社会处于一个飞速发展的时代，新鲜事物层出不穷，不断推陈出新。你不可能完全改变世间的万物，但你可以充分改变自己。有句话说得好："如果你不能改变环境，那就学着改变自己。"看来，任何人要想顺利地适应快速变化的社会，就只能从自身开始做起。只有随时调整改变自己，才能与社会保持脚步一致。社会就像一架机器，未来与现实就像一对咬合的齿轮，自始至终紧密联系在一起。我们只有与时俱进，不断地学习适应，犹如不断地向齿轮加油，才能有利这两个齿轮减少摩擦、协调运转。

❀智慧典藏❀

　　人要想被飞速变化的世界所接受，就必须要适应新的环境，就必须不停学习，不断"充电"，努力提高自己的科学知识水平，注重自己各方面的修养，增强自己承受挫折的能力，增强自信，不骄不躁，心平气和地处理问题，看待发展中的社会。

第六章　领导风范课

用人不疑，疑人不用

——相信下属，该放权时就放权

社会的竞争，无疑是人才的竞争。一个企业能否高速运转，主要还是体现在员工的效益上。从团队效益来看，老人常说的"用人不疑，疑人不用"，可以增强团队的凝聚力，提高整体效率。因此，对于管理者来说，要充分调动下属的积极性、主动性和创造性，其关键就是需要领导者：相信下属，该放权时就放权。

杰克·韦尔奇有一句经典名言："管得少就是管得好。"美国现代报团创始人斯克列·浦斯也曾说："凡是你能找到别人代替你去做的事，永远不要自己去做。别人替你做的事越多，你就有更多的时间和精力，去做那些没有人能替你去做的事。"由此可见，效率管理，可让企业增加很好的效果。

现实生活中，很多时候领导者会抱怨下属办事不力。事实上，并不是下属能力问题，而是我们的管理者不敢放权造成的结果。韩非子曾言："下君尽己之能，中君尽人之力，上君尽人之智。"敢于放权并善于放权，既是一个管理者成熟的表现，又是一个管理者取得成就的基础和条件。聪明的管理者懂得什么时候放权、如何放权。只有懂得这些，他才能更好地驾驭一个团队、一个企业，甚至一个国家。

美国总统艾森豪威尔就是一个善于放权、敢于放权的领导者。

二战结束后，艾森豪威尔从盟军司令的位置上退下来。不久后，就被聘为美国哥伦比亚大学的校长。副校长为了让艾森豪威尔尽量了解学校的各方面情况，就把学校系主任以上的负责人都叫去给艾森豪威尔做汇报，但因为考虑艾森豪威尔会很累，所以每天只安排他见一两位，每天汇报半小时。

艾森豪威尔在听了十几个人的汇报后，把副校长找来，问他一共安排了多少人汇报，副校长说："63位。"艾森豪威尔听了以后张大了嘴巴说道："天啊，太多了！之前我统领百万大军的时候只需要接见3位直接向我汇报的将军就好了，他们的属下都不需要接见和过问。现在这些汇报的人所谈的话，我大都听不懂，也无法给出什么指示，这是在浪费他们宝贵的时间！你还是不要这样做了，让几位主要负责人来就可以了。"

1953年，艾森豪威尔出任美国总统后，也保持了他善于放权的做派。

一次，艾森豪威尔正在打高尔夫球，总统助理拿着白宫送来的一份事先拟好的"赞成"或"否定"的意见批示，请求总统签字。谁知，艾森豪威尔一时不能决定，便将两份文件都签了字，并对总统助理说："请副总统尼克松帮我挑一个吧。"而后便若无其事地打球去了。

后来尼克松对艾森豪威尔放权的行为大加赞扬，并强调说：

"领导人在安排使用精力上，必须记住一个压倒一切的目标——干大事！如果他过于花时间想把什么事都干好，他就不能把真正重要的事干得非常出色，就不会超群出众。"

艾森豪威尔善于放权，不但使自己腾出了更多精力做更多的事情，还使自己的手下干劲十足，工作效率颇高。一个好的管理者就应该学艾森豪威尔，在该放权的时候就放权、放足权。

有人将放权比喻为放风筝。要"舍得放，敢于放，放而要高，高而坚韧，收放自如。"舍得不仅是一种境界，还是一门艺术。什么该舍、什么该得，如何舍、如何得，都需要管理者们仔细思索、认真拿捏。职场上的舍得更是一门大学问，作为职场中人，不可避免地要与同事合作或是管理别人，当我们与同事合作或管理别人时，就要学会适当地放权。

放权对于领导者而言尤为重要。联想集团创始人柳传志说："当企业小的时候，或者刚开始做一件全新的事的时候，一定要身先士卒，那个时候，领导是演员，要上蹿下跳自己去演。但是当公司上了一定的规模后，一定要退下来。要做大事，非得退下来，用人去做。"当我们被杂务缠身时，作为领导者这时就应该考虑放权。一旦我们把某一项任务交给下属时，就要给予他充分的信任和自由，把应该放的权力放出去，让下属有足够的空间施展才能。这样一方面可以提高下属的办事效率，另一方面还可以节省我们的精力，集中力量解决更重要的问题。

戴尔电脑公司董事长兼首席执行官迈克尔·戴尔在创业时，由于他养成了晚睡晚起的习惯，所以每天上班时，都会迟到。因为公司大门的唯一钥匙掌管在戴尔的手中，所以，每次迟到时，公司大门前就会有二三十人在闲晃，等着他去开门。

日复一日，由于戴尔经常会在九点半以后到，所以戴尔公司很少能在九点半之前开门。后来，戴尔逐渐有所提前，但也是提前半小时开门。等公司作出早上八点开门的时候，戴尔意识到自己已经不能来这么早了，很明智地把大门的钥匙交给了别人来掌管。

随着公司的发展，戴尔也慢慢开始放权了。

有一天，戴尔正在办公室忙着解决复杂的系统问题，有个员工走进来，抱怨说："真倒霉，我的硬币被可乐的自动售货机'吃'掉了。"

戴尔非常恼火，不解地问："这种事为什么要告诉我？"

员工理直气壮地说："因为售货机的钥匙是由你亲自保管的啊！"

那一刻，戴尔明白了，自动售货机的钥匙应该立刻交给别人保管了，一切该交给别人保管的钥匙应该交给别人保管。

从戴尔交钥匙的故事中我们可以得出：在创业初期，创始人往往要拳打脚踢、事必躬亲，承担许多具体的琐碎事务，或者说要保管着许多把钥匙。这也是很正常的事情，但当事业发展到初具规模的时候，许多该交的钥匙就一定要及时交出去。

著名的授权定律："上层授权面应占分内工作的 60％～85％，中层授权面应占分内工作的 50％～75％，基层授权面应占分内工作的 35％～50％。"聪明的管理者懂得适度地放权。适度地放权能让管理者和员工之间形成良好的互动，员工有了锻炼机会就会有进步的空间，同时，管理者适度放权也能给员工一种相互信任，增强员工信心和工作积极性。

总之，授权是分身术，用贤乃成事诀。

≪智慧典藏≫

（1）领导必须善于授权。

（2）善做领导事的领导，才配称为真正的领导。

（3）只有放下手里的小篮子，才能腾出手来掌管大江山。

（4）当然，不能说都能被充分地放权，调动下属的积极性，能放权的放，不能放的还是不放。

三分掌柜，七分伙计

——重视员工的重要性

任何企业都是由员工组成的，员工是企业中的重要组成部分，一个企业若没有员工的辛勤耕耘，就没有企业的发展壮大。因此，要想在竞争激烈的现代社会，让你的企业立于不败之地，就必须重视员工的重要性，正如老人所说的："三分掌柜，七分伙计。"

日本管理学者安井恒则说："质量的好坏，归根结底是由员工的作业情况来决定的。"任何一名员工都是工作团体中不可或缺的组成部分，团队整体的专业技术即便再出色，也要求人们具有一定与人沟通的能力。比如说，一个颇有才干的领导对下属傲慢粗鲁，他的手下即便是技艺一个比一个高超，但拒绝为该领导工作，领导再能干也无济于事，企业同样也不会见效益，更谈不上挖掘企业的潜力。

当你出现了问题时，活力企业就必须具备解决问题的能力，因为这些问题如果得不到及时解决，最终将会影响到企业其他层面的因素。人与人之间的工作关系或团队活力的功能失调会影响到工作的质量及公司的士气，并最终影响到向顾客提供的产品。

任何一个企业需要快速发展，不是硬件设施起决定性的成败作用，而是软件服务的重要性，即重视员工的重要性。重视员工的重要性，需要做到：

1. 做好员工的心理管理。

企业是否有效率，是衡量管理水平高低的重要指标，而效率除了需要有合理的制度安排与流程设置作为保障之外，还需要员工有良好的情绪去支持。在世界500强中至少80％的企业为员工提供心理帮助计划（EAP），实验和事实证明，良好的心理教育、疏导和训练，能够增强员工的意志力、自信心、抗挫折能力和自控能力，还能提高员工的创新意识、贡献意识、集体意识和团队精神，开展心理培训已经成为人力资源管理工作的重要组成部分。

喜剧大师卓别林在其经典电影《摩登时代》中呈现了这样一个镜头：羊群蜂拥而过，大群工人走进工厂，这暗喻工人命运和羊群一样。为维持没有内容的生活成为机器的零件，为生产线所奴役，以精神与肉体的双重付出为代价。而到了21世纪的今天，许多企业的员工的处境与其并无太大的差异。现代社会高节奏、高强度的工作，令部分员工心理处于高度紧张却又一片荒芜的状态中，心理疾病已成为企业发展中所面临的难题。

据研究人员介绍，美国每年因员工心理压抑造成经济损失达3050亿美元之多；而在英国，每年由于员工压力健康通过直接医疗费和间接工作缺勤造成的损失达GDP的10％；而我国职业压力带给企业损失每年超过1亿元。

忽视员工心理健康问题，将会使企业用人成本激增，也将令劳资关系缺乏感情纽带和信任基础，进而导致企业与员工对立，管理者的管理难度增加。更为重要的是，员工忠诚度和满意度也将降低，难以调动工作的积极性。目前，许多企业的员工都是"80后""90后"，这一群体通常见多识广也更具个性，对精神生活的需求更为强烈，他们忠于自己甚至企业，当企业不能满足个人职业生涯的发展时，随时都会跑掉。

2. 重视员工的培训。

企业获取高质量、高素质的人力资源有两个途径，一是从外部招聘；二是对内部员工进行培训，提高员工素质。

不少的案例已经证明，我国很多民营企业由于种种原因，在完成原始积累、进行第二次创业、欲实现更大飞跃的时候，往往容易陷入困境，在导致困境出现的诸多原因中，以人力资源的制约问题最为突出。

日本松下电器公司有一句名言："出产品之前先出人才"，其创始人松下幸之助更是强调："一个天才的企业家总是不失时机地把对职员的培养和训练摆上重要的议事日程。教育是现代经济社会大背景下的'撒手锏'，谁拥有它谁就预示着成功，只有傻瓜或自愿把自己的企业推向悬崖峭壁的人，才会对教育置若罔闻。"由此看来，重视对员工的培训，加强对人力资本的开发和利用具有十分重要的意义，一方面，它可以增强企业竞争力，另一方面是提高员工素质，建立人才储备的良好手段，同时，重视员工培训，不仅是一项重要的人力资源投资，而且也是一种有效的激励方式。

❖智慧典藏❖

立业先立人。活力企业的经验是：员工是企业的最大财富，只有善待员工，投资员工，才能赢得事业，获得发展。

各尽其能，才尽其用

——让适合的人做适合的事

鹰击长空、鱼翔浅底、虎啸深山、驼走大漠……只因它们找到了适合自己的位置，大自然才因它们而变得丰富多彩。范晔在《后汉书·曹褒传》中说："汉遭秦余，礼坏乐崩，且因循故事，未可观省，有置气说者，各尽其能。"各尽其能，才尽其用，简单地说，就是让合适的人做合适的事。这就要求领导者们必须把最大限度地发挥人才作用贯穿于人才发展始终，不求所有、但求所用，各司其职、各尽其才、才尽其用。

清人顾嗣协有首《杂兴》诗："骏马能历险，犁田不如牛。坚车能载重，渡河不如舟。舍长就其短，智者难为谋。生才贵运用，慎勿多苛求。"这是在告诉我们，在企业经营管理过程中，要想获得最大的经济效益，管理者必须做到：让各类人才各司其职、各尽其才、才尽其用。

我们中华民族历来有才尽其用、知人善任的优良传统。春秋时期，齐恒公用管仲而"九合诸侯，一匡天下"，成为纵横九州的霸主；秦国，秦始皇用李斯"远交近攻，联齐伐楚"而一统天下；唐朝，李世民用魏征"谏议大夫，议论朝政"，开创了夜不闭户、道不拾遗的贞观之治。人尽其能，才尽其用，各司其职，让适合的人做适合的事，才能齐心协力，携手并进，开创未来。

美国通用电气公司的总裁杰克·韦尔奇，是 20 世纪最伟大的

CEO 之一，曾被誉为"经理人中的骄傲""经理人中的榜样"。

在一次记者的采访中，韦尔奇与记者进行了一次精彩的对话交流。

记者问："请你用一句话说出通用电气公司成功的最重要原因。"

韦尔奇回答说："是用人的成功。"

记者问："请你用一句话来概括高层管理者最重要的职责。"

韦尔奇回答说："是把世界各地最优秀的人才招揽到自己的身边。"

记者问："请你用一句话来概括你最主要的工作。"

韦尔奇回答说："把50％以上的工作时间花在选人用人上。"

记者问："请你用一句话说出自己最大的兴趣。"

韦尔奇回答说："是发现、使用、爱护和培养人才。"

记者问："请你用一句话说出自己为公司做出的最有价值的一件事。"

韦尔奇回答说："是在退休前选定了自己的接班人——伊梅尔特。"

记者问："请你总结一条重要的用人规律。"

韦尔奇回答说："一般来说，在一个组织中，有20％的人是最好的，70％的人是中间状态，10％的人是最差的。这是一个动态的曲线。一个善于用人的领导者，必须随时掌握那20％和10％的人的姓名和职位，以便实施准确的奖惩措施，进而带动中间状态的70％。这个用人规律，我称之为'活力曲线'。"

记者问："请你用一句话来概括自己的领导艺术。"

韦尔奇回答说："让合适的人做合适的事。"

《孙子兵法》有言："故善战者，求之于势，不责于人，故能择人而任势。"英明的领导，必须善于选择合适的人才，善于发挥群下的智慧。阿里巴巴总裁马云曾说："把飞机的引擎装在拖拉机上，最终还是飞不起来。"作为管理者，我们应该了解到，要提升企业绩效，必须把员工放在最适合他的职位上。

像被称为"商界教皇"的汤姆·彼得斯所指出的那样：雇佣合适的员工是任何公司所能做的最重要的决定。管理工作就是你要"让合适的人去做合适的事"；然而，如果你雇佣了一些不合适的人，你就别指望他们能把该做的事做好了。

人才是第一生产力，是企业发展的基石。企业的竞争就是人才的竞争。谁拥有了人才，谁就掌握了主动权。要想形成"人尽其才，才尽其用"的生动局面，对于领导者来说，正确地使用人才是至关重要的。"用人之道，尤为未易。己之所用谓贤，未必尽善；众之所谓毁，未必全恶。知能不举，则为失材；知恶不黜，则为祸始。又人才有长短，不必兼通。是以公绰优于大国之老，子产善为小邦之相，绛侯木讷镇安刘氏之宗，啬夫利口不任上林之令，舍短取长，然后为美。"这是唐太宗李世民在贞观之治后总结用人经验说的话。

你不妨一试。

◈◈智慧典藏◈◈

俗话说，金无足赤，人无完人。各尽其能，才尽其用，还必须坚持"用人所长、避其所短"的用人原则，才能做到量才为用，才能最大效率地发挥人才的作用。

重赏之下，必有勇夫

——懂得表扬，奖励员工

天下熙熙，皆为利来，天下攘攘，皆为利往。汉·黄石公《黄石公三略》言："香饵之下，必有悬鱼，重赏之下，必有死士。"人是趋利的动物。工作中，管理者如何做好对员工的"利益"诱导，不仅是一种重要的领导艺术，更是企业一个永恒的话题。所谓"重赏之下，必有勇夫"，表扬、奖赏既是激励，也是动力。

先从《史记·商鞅变法》中"移木立信"说起吧：

春秋战国时期，秦孝公欲用商鞅进行改革，强化国家。但是当时处于战争频繁、人心惶惶之际。商鞅在变法过程中遇到了一个难题：怎样才能取得百姓的信任，使他们相信将要推行新法"有令则行，有禁则止"呢？思来想去，商鞅派人在都城的南门竖立了一根三丈长的木头，并当众许下诺言：谁能把这根木头搬到北门，赏金10两。大多数人都不相信——哪来这么便宜的事？结果没有一人肯出手一试。于是，商鞅将赏金提高到50两。赏金之下，必有勇夫，终于有人站出来把跟木头搬到了北门。商鞅立即赏了他50两。

商鞅这一举动，在百姓心中从此树立了威信，而商鞅接下来的变法也很快在全国推广开了。新法使秦国渐渐强盛，最终统一了中国。商鞅也因此名垂青史，名传后世。

商鞅"移木立信"，不但树立了组织的权威性，更让人们相信了"重赏"与"勇夫"之间的必然关系。

古人云："军无财，士不来；军无赏，士不往。"美国通用电气公司的总裁杰克·韦尔奇说："人们一般不愿意改变自己的行为模式，除非你奖赏他们这样做。"激励，是一个领导在与团队和下属的互动中，不可避免地要用到的一把利器。因为受到赞同是人类本能的需要。当人们无法获得必需的赞同时，他们对领导者的信任、信赖以及彼此之间的关系都将恶化。但当他们收到表扬或是奖赏时，便能刺激和调动他们的积极性和创造性。

无疑，表扬、奖赏员工是最重要、最好的管理法则之一。作为企业领导人一定要懂得表扬、奖赏员工。

百度创始人李彦宏就是一个懂得奖励员工的人。

李彦宏在 Summer Party 上颁出第二届百度最高奖时，他也奖励了三个不足十名的基层小团队分别高达百万美元的奖金，此次高达 300 万美金的额度一段时间引起业内忌妒和羡慕。

而另一位企业的高管也有过同样性质的举动。联想集团 CEO 兼董事长杨元庆从自己的奖金中拿出 300 万美元，奖励了近 1 万名基层职工。此奖叫"元庆特别奖"。

激励员工在一个企业内是必不可少的。一个好的领导者，懂得适时地奖赏自己的员工。这样做不仅可以高效地激励员工突破层级制度，在自己的岗位上积极创新，再接再厉，再创业绩新高，更多地体现了领导人的激励智慧。

元·王实甫《西厢记》说："重赏之下，必有勇夫；赏罚若明，其计必成。"奖励员工是一门艺术。如何激励员工，是大有文章可做的。做得好，能刺激和调动员工的积极性和创造性；做不好，把激励搞成"大锅饭"，把奖励变成"过家家"，阳光普照，人人有份，则会弄巧成拙，事与愿违。擅长激励员工的领导者懂得员工不需要施舍，他们痛恨袒护某人；激励应恰到好处，让真正应该激励的员工得到了激励，这才是画龙点睛、妙笔生辉。此外，公司奖励最常用的一些激励手段，主要包括工资、奖金和优先认股权等一些方式，但要使这种行为得以巩固和发展。奖励必须要物资与精神相结合，而且方式要不断创新，这样才能达到事半功倍的效果。

◈智慧典藏◈

表扬与赞赏是一种企业文化，同时也是一门重要的领导艺术。作为企业领导人千万不要让你繁忙的工作，妨碍你对员工的表扬与赞赏。不妨在工作之余，停下手边工作，写一份E—mail或卡片，或是到那些一直以来努力工作的员工们办公室亲口说声"你真棒"，抑或是送一份礼物、邀请共度晚餐或送礼券……这些小小的"动作"，对每个人来说，意义都非常重大。

得人心者得天下，失人心者失天下

——管理无情人有情

"得人心者得天下，失人心者失天下"，是古人在历史长河中通过实践总结出来的领导至理名言。其实，无论是国家、企业、家庭，甚至任何形式的组织要想繁荣发展，都离不开"得人心者得天下"。"将之军，使士卒乐死，敌国不敢谋"，若能如此，得人心者必居之。

说起人才的重要性，谁都知道，古今中外，治国也好，治企也罢，"得人心者得天下，失人心者失天下"，这是一个毋庸置疑的真理。古人云："人之力发自于心，心旺则事盛。"人才是事业的根本。企业文化的核心应是"以人为本"，其实质就是企业的管理过程，只有真正房获了员工的心灵，才能在竞争中无往而不胜。

先来看一个故事：

古时候，在一个古刹里住着一位德高望重的高僧。一天，他在寺院的高墙边发现一把椅子，他知道有人借此想翻墙到寺外，高僧便坐到了椅子上，来印证自己的猜测是否正确。

午夜，外出的小和尚爬上墙，再跳到"椅子"上。他感觉"椅子"不似以前硬，落地一看，才知道椅子已经变成了高僧。他原来是跳在高僧的身上，小和尚仓皇逃去，以后的一段时间里他总是诚惶诚恐地等候高僧的发落。可是，意外的是，在这以后的岁月里，高僧就像没有发生这件事似的。小和尚从高僧的宽容中获得了启示，他再没有去翻墙，40年后成为了得道高僧。

可以见得，所谓管理说到底就是理顺人与人的对应关系，使管理者与被管理者之间达到和谐统一。管理中你可以把员工"管"得规规矩矩、"理"得笔笔直直，但你如果不会运用宽容，多点人情味，就可能把人的可塑性和创造力给泯灭。

巨人集团创始人史玉柱说："很多创业者在管理公司的时候，会出现很多问题。比如说，对公司的管理有情，是一个大忌。对公司来说，应该是管理无情人有情。"公司制度无价，但是管理无情人有情，这是一个现代企业领导者必须做到的。

美国国际农机商用公司董事长西洛斯·梅考克提出了一个管理学中著名的"梅考克法则"。所谓"梅考克法则"，精髓归为一句话就是：管理过程中，既要坚持制度的严肃性，又该多点人情味。这样一个法则为国际农机商用公司的强盛创造了一个又一个辉煌的成就。

有一次，国际农机商用公司一个老员工违反了公司制度，按照制度他应该受到开除的处分。这一决定一公布，这名老员工就极力反对，认为自己当年当公司债务累累时，为公司效了个犬马之劳，公司这样做，是一点人情味都不讲。

董事长梅考克平静地对这名老员工说："你是知道的，公司是有制度的。这不是我们两个人的私事，我只能按照公司规定办事，不能有一点例外。"

后来，西洛斯·梅考克了解到，这位老员工酗酒误事，是因为他的妻子离世了，留来了两个孩子，一个跌断了一条腿，一个因吃不到妈妈的奶水，正在饥饿中哭闹，老员工是极度痛苦才借酒消愁的，结果误了上班。于是，梅考克找到这位员工对他说："我真糊涂，现在你什么都不要想，赶紧回家料理好你老婆的后事，照顾好你的孩子们。你不是把我当成你的朋友吗？所以你就放心，我不会让你走上绝路的。"说着，从包里拿出一大叠钞票塞给了他。

老员工顿时放了心，说："你这是要撤销开除我的命令吗？"

"你希望我这样做吗？"梅考克亲切地问。

"不，我不希望你为我破坏规矩。"

"对，这才是我的朋友，你放心，我会适当安排的。"事后，这个老员工被安排到了梅考克的一家牧场当管家。

梅考克用这一法则，使得公司业绩蒸蒸日上。

《孙子兵法》讲："攻心为上，攻城为下。心战为上，兵战为下。"古往今来，无数事例证明，得人心者得天下。企业必须有制度，制度是管理的有效工具。但是，并不是所有东西都必须制度化、理性化就好，在理性中多一些感性，在制度中多一些人情关怀，才能有助于赢得员工对企业的认同感和忠诚度，进而使企业在激烈的市场竞争中永远立于不败之地。

爱心是无价的，爱心能凝结出人间的智慧，会凝聚出力量的海洋。管理是一门艺术，也是一门学问。对企业领导者来说，迫切需要的是：如何用你的爱去赢得人心，与你的员工打成一片，然后和他们一起成长。

>>>智慧典藏<<<

企业如果没有纪律、没有约束、没有人情味，就会没有管理，也就没有效率。但这并不完全正确，正如专家们强调的"没有惩罚就没有管理"。在实行人性化管理过程中，我们千万不可偏废"罚"的力量，至少也要做到恩威并重。

身体力行，以身作则

——伟大者在于管理自己

领导是企业团队的"领头羊"，是舵手。《淮南子·氾论训》云："圣人以身体之。"《礼记·中庸》云："力行近乎仁。"《曾国藩家书》说："牢骚满腹无济于事，身体力行才是上策。"领导者遵循老人的"身体力行，以身作则"，用行动号召人、感染人、教育人，可以通过表率树立起在员工心中的威信，如此将会上下同心，大大提高团队的整体战斗力。

正人先正己，管事先管人。联想创始人柳传志说："伟大在于管理自己而不是别人。"管理学家怕瑞克说："除非你能管理'自我'，否则你不能管理任何人或任何东西。"《论语·子路》中说："其身正，不令而行；其身不正，虽令不从。"先管理自己，再管理别人，这是最有效的领导方法之一。

联想控股有限公司董事长兼总裁柳传志说："联想文化的建立和传承，一是要统一思想，二是要宣传贯彻，三是干部尤其是'一把手'的以身作则，企业领导人只有做到第三条，前两条才能真正起作用，才能真正做到企业利益为第一位。"

联想公司有一个规定，那就是：不准子女进公司。柳传志的两个孩子都是学计算机的，在美国念完大学以后，很多人都劝柳传志适当松一松，但柳传志说："没有任何考虑的余地，坚决不让他们到公司来。这是自己定的规矩，一旦开了头，员工的子女都进了公司，再互相结婚，互相串联起来，越扯越多，将来想管也管不了了。"这件事最后不了了之。

还有一次，柳传志因为电梯的故障而迟到了，但由于公司有规定，迟到了就要罚站。柳传志没有做任何解释，自觉地罚了站。而因迟到被罚站，柳传志也有3次。

古语说："己欲立而立人，己欲达而达人"，"正己正人，成己成物"。只有自己愿意去做的事，才能要求别人去做；只有自己能够做到的事，才能要求别人也做到；禁止别人做的，自己坚决不做。振臂一呼，应者云集的领导者必须以身作则、率先垂范、身先士卒、推己及人的思维方式和方法，严格要求自己，做到"己所不欲，勿施于人"，用无声的语言说服员工，这样才能具有亲和力，才能形成高度的凝聚力。

让下属信服管理者是每个管理者都希望看到的事。"身体力行，以身作则"必然是达到这个目的的重要因素。成功的领导者，在于99％的领导者个人所展现的威信、魅力和1％的权力行使。而这种威信与魅力，正是来自于领导者自身的行为。

土光敏夫的口头禅是："以身作则最具说服力。"如今，日本东芝电器公司和石川岛造船公司同时被列入世界100家大企业之中，这与土光敏夫身体力行、以身作则的管理制度是分不开的。

土光敏夫进入东芝整顿业务时，一次，有一个业务员反映，公司有一笔生意怎么也做不成，主要原因是买方的负责人经常外出，多次登门拜访都扑了空。土光敏夫听到这一汇报，沉思了一会儿，然后说："是吗？你不要泄气，让我试试看。"

业务员听到董事长要亲自上门推销，不觉大吃一惊。一方面是担心董事长不相信自己反映的情况；另一方面是担心董事长上门推销，要是再碰不到对方负责人，岂不是太丢了大公司领导的脸。但土光敏夫并不是这么想的，他只是想促成这笔生意罢了。

第二天，他果然来到对方负责人的办公室。但是，正如业务员所说的那样，负责人外出。他并未马上离开，而是坐在那里等。等了大半天，那位负责人回来了。当他看到是土光敏夫的名片时忙不迭地说："对不起，让您久等了！"

"贵公司生意兴隆，我应该等候。"土光敏夫毫无不悦之色，相反微笑着说。那位负责人知道，自家企业的交易额不算多，然而是堂堂的东芝公司董事长亲自上门洽谈，觉得赏了光，便上前握住他的手说："下次，本公司无论如何一定买东芝的产品，但唯一的条件是董事长不必亲自来。"自然，这笔生意也谈成了。

土光敏夫认为，以董事长之尊从事推销是理所当然的事，不会因此有失身份。当然，领导者亲力亲为，只是一种示范行为，并不是每笔交易都需要。

俗话说，"什么样的将带出什么样的兵"、"身教重于言教"。榜样的力量是无穷的。领导者以身作则、身体力行，无疑会对下属产生潜移默化的影响，成为下属处世做事、为人为官的楷模。

＊＊智慧典藏＊＊

> 古之欲明明德于天下者，先治其国；欲治其国者，先齐其家；欲齐其家者，先修其身；欲修其身者，先正其心；欲正其心者，先诚其意；欲诚其意者，先致其知；致知在格物。物格而后知至，知至而后意诚，意诚而后心正，心正而后身修，身修而后家齐，家齐而后国治，国治而后天下平。

士为知己者死，女为悦己者容

——关心、赏识你的下属

因刘备的知遇之恩，诸葛亮呕心沥血，八月秋风五丈原；因燕太子丹的赏识，荆卿易水风萧萧，壮士悲歌，场面十分悲壮；因男人的欣赏，女人明眸粉黛，华裙罗绮，绚丽无限。正所谓："士为知己者死，女为悦己者容。"这一老人言是古代仁人志士的人生价值观。这种价值，完全以精神为标准，一生为理想、原则执着追求，甚至甘愿为赏识自己、栽培自己、关心自己的人献身。作为领导人的你，这一奥妙之处不得不加以掌握、运用。

《战国策·赵策》云："士为知己者死，女为悦己者容。"这句话成为我国古代人民的传统信条，它反映了人们为了报答知遇之人，虽万死不辞的精神。其中，不管是"士"还是"女"都是为了对自己有知遇之恩的人的报答。那么人生漫漫，何以辨识知己之所在，何以倾心以待之？此知己者，决非平庸之辈，须以坚信为基石，以赏识为前导，以忘我之关怀为依托，以无私之奉献为己任，达此四者，方能置利欲于度外，容百川于胸内。用于现代企业中，就是要学会善待、关心、赏识自己的员工。

先来看看"士为知己者死，女为悦己者容"这个历史典故的来历。

豫让，姬姓，毕氏。春秋战国间晋国人，最初曾在范氏、中行氏处当过下臣，但均受到重任。后来投奔了智伯，智伯对他非常关心和尊重，因此主臣关系很是密切。晋哀公四年（前453年），智伯向赵襄子进攻时，赵襄子联合韩、赵、魏三家一起将智伯灭掉了。智伯被迫分割了当时的领地。赵襄子怨恨智伯攻打他，就把智伯的头盖骨涂漆后做成了酒杯，而豫让万分悲痛立誓要为智伯报仇，刺杀赵襄子。

豫让逃到山里，思念智伯对自己的好处，说："嗟乎！士为知己者死，女为悦己者容。今智伯知我，我必为报仇而死，以报智伯，则吾魂魄不愧矣。"

于是，他先是改换姓名，伪装成受过刑的人，怀揣匕首到赵襄子宫中做杂活，因行迹暴露而被逮捕。在被受审时，他直言不讳地说："我要替智伯报仇。"赵襄子觉得他忠勇可嘉，将他释放。豫让伯不甘心，他又将漆涂在身上，使皮肤肿烂，剃掉胡子眉毛，同时吞吃炭块，使嗓子变哑，让人认不出他的本来面目。可是，豫让又被人认了出来。

豫让仍不甘心，他摸准了赵襄子的出行路线和时间，埋伏在一座桥下。赵襄子的坐骑经过这座桥时，受了惊吓，赵襄子的让手下去打探，果然又是豫让。赵襄子虽为他忠心报主的行为所感动，但又觉得不能再将他放掉。豫让知道生还无望，无法完成刺杀任务，请求赵襄子脱下外衣让其象征性地刺杀几下，然后，仰天大呼："我已经为智伯报了仇了！"遂自刎而死。

人非草木，是感情动物。你对待别人好，别人也会对你好，这是毋庸置疑的。人与人之间只有懂得相互尊重，人际关系才更牢固，做事才更容易成功。

吴起是一位名将，身为名将，他除了骁勇善战以外，与士兵同甘共苦，在士兵中享有崇高威望，也是他成功的重要方面。

吴起在军队中总是和下级士兵们同甘共苦，穿一样的衣服，吃一样的食物，睡觉时不铺席，行军时不乘车，自己备粮食，并且自动分担士兵的苦恼。

有一次，一位士兵在阵前因为生了肿瘤而痛苦不堪，吴起见状毫不犹豫地用口将其肿瘤内的脓汁吸出。那位士兵和在场的人都感动不已。后来，士兵的母亲听到这个消息，忽然放声痛哭起来。

旁边的人觉得很奇怪，就问她："你的儿子只不过是一个小小的士兵，却蒙吴将军亲自将他身上的脓吸出来，你应该高兴才对，为什么反而伤心地哭泣呢？"

那位母亲回答："先夫早年也是蒙吴将军不弃，吸取他肿瘤里的脓，从此他跟随吴将军四处打仗，以此报答吴将军的大恩，最后终于死在战场上。如今吴将军又为我儿子吸出脓汁，这不是说明我儿子也将步他父亲的后尘吗？这叫我怎么不伤心呢？"

在吴起"爱兵如子"的情感感召下，他与敌军交战时，都是每战必胜。将士们个个尽心竭力，效命疆场，为吴起带来了不少荣誉。

现实生活中，我们经常听到一些领导人会感叹"员工不尽力"。那么他们为什么会不尽力，除了一些个别原因外，大多数人会觉得：自己没有什么激情，得不到领导的重视，对组织失去了信任。究其原因，就是领导缺乏对下属的关心、赏识。

聪明的领导会让员工心甘情愿同组织一起前进、一起成长。因为他们深知：善待下属就是善待企业的未来。因此，作为领导，懂得部下、赏识部下、信任部下、关心部下，是赢得部下忠心的前提条件。

❖ 智慧典藏 ❖

老人言："士为知己者死，女为悦己者容。"千古亦然，没有约定却有默契，没有表白却有灵犀；没有诺言却能践行，没有亲情却有情义。作为现代领导者，如何让你的下属任劳任怨、忠心耿耿，尽自己所学、尽自己所能？做一个有爱心、同情心、赏识心的领导吧。

第七章　财商经营课

有胆有识，勇于实践

——"胆大妄为"才能有作为

中国有句老话，叫作"撑死胆大的，饿死胆小的"。意思是说那些胆大妄为者，总会比别人得到的多。这话放在现今的财富经营者身上，可以让人明白一个道理：没胆，你很可能会失去很多机会，因而难成大事。简单的几个字十分生动地描绘出胆量与得失之间的关系。"撑死胆大的，饿死胆小的"，它是经营财富的第一信条，是每一个有志于发财致富的人必须参透的一句话。

力帆实业董事长尹明善说："异想天开才能茅塞顿开，胆大妄为才能大有作为。""胆大妄为"是一种不被现实束缚、有勇气的思想，也是一种敢做、敢行的行为。对于经商者来说，只有不顾前面的障碍，有勇气才能创造一片属于自己的天空和收获。

古人云："大胆天下易得，小心寸步难行。"能成大事者，也大多是那些聪明胆大、敢于冒险的人。因为敢于冒险的人，总是能从复杂多变的环境中抓住好的机遇，开辟新的成功道路，开阔自己的眼界，一举成功。相反，那些没有胆，唯唯诺诺，遇事思前想后，前怕狼、后怕虎的人，是很难成大事的，因为你的胆量，注定了你每遇到大事就会退缩，即使机会来了，你也没有勇气去抓住。因此，对于一个想致富的人来说，很多时候，胆量起着决定性的作用。

比亚迪总裁王传福的成功，无不是靠胆大得来的。

王传福原本是北京有色金属研究院的研究员，主要研究电池。

在1993年，研究院在深圳成立比格电池有限公司，因为和王传福的研究领域密切相关，所以王传福顺理成章地成为公司的总经理。

在公司有了一定的企业经营和电池生产的实际经验之后，王传福就发现，在自己研究领域之一的电池行业里，要花2万多元才能够买到一部大哥大，国内电池产业随着移动电话的"井喷"方兴未艾。作为研究方面的专家，眼光敏锐的王传福心动眼热，他坚信，技术不是问题，只要能够上规模，就能够干出大事业来。于是，他作出了一个大胆的决定，辞去比格电池有限公司总经理的职务，自己出去单干，在一般人看来太冒险，但是王传福却深信自己，最灿烂的总是在悬崖峭壁，富贵总是在险境中出现。说干就干，当时王传福向朋友借了250万元，注册了比亚迪科技有限公司，带领着20多人在深圳的一个旧车间扬帆起航了。

成立企业和生产产品，并不是一件难事，如何才能以最小的投资获得最大的利润，这就需要独到的商业眼光和冒险精神。在当时的情况下，日本充电电池一统天下，国内的许多厂家买来电芯搞组装的，利润极少。如何打开局面，王传福再一次作出了一个大胆的决定，依靠自身的技术研究优势，把眼光投向技术含量高、利润丰厚的充电电池的核心部件——电芯的生产。事实证明，王传福这一招可谓是后发制人，一招致命的所在。经过不断地努力，在1996年，比亚迪公司就取代了三洋成为中国台湾无绳电话制造商大霸的电池供应商。在1997年，比亚迪公司镍电池销量达到了1.5亿元，排名上升到世界第4位。

在镍镉电池领域站稳脚跟之后，不甘寂寞的王传福又开始了镍氢电池的研发，并从1997年开始大批量地生产镍氢电池。但当时恰逢东南亚金融风暴，半数以上的产品出口遇到了困难。此时，王传福又向一家投资管理集团筹到一千多万元，使比亚迪公司的注册资金从450万元扩大到3000万元。这一年，比亚迪公司镍氢电池的销售量达到1900万元，一举进入世界前7名。

就这样，王传福不断开阔新的发展思路，将市场扩向了欧美世界市场，成立了比亚迪欧洲分公司、美国分公司。

就在他个人事业发展良好的时候，他又开始作出了一个胆大的决定，那就是要生产中国老百姓都买得起的汽车。于是，比亚迪公司又开始涉及汽车领域，使他的事业又迈向了一个新的台阶。

敢于冒险，打造致富团队，敢想敢干以及当断则断的工作作风，为王传福的成功带来了传奇色彩。比亚迪在香港上市时，作为公司的核心创始人，王传福持股达到了28%，在2003年，王传福以资产3.28亿美元登上《福布斯》杂志"中国大陆百富榜"，位列第13位。

胆量决定财富。石油大王保罗·盖蒂说："如果我能再活一次的话，我会冒更大的风险，因为没有风险就没有结果。"韩国现代创始人郑周永说:"世界的改变,生意的成功,常常属于那些敢于抓住时机、敢于冒险的企业家。"纵观现实生活,你会发现很多最终能够发财致富的人,都是些胆大、敢于冒险的人。经过研究发现:富人有一个共同的特性,就是敢冒风险,想到了就去做,不拖泥带水、不等不靠。

在20世纪80年代末,PC技术逐渐在中国得到普及,汉卡的价格与成本之间有着巨大的利润。为了追求高额的利润,中国市场上至少有30家以上的公司在做汉卡,其中尤以联想的产品"联想汉卡"最为知名,毫不夸张地说,如今许多成功的老牌IT公司都有买过汉卡的经历,而且有很多是靠卖汉卡起家的。

史玉柱在读研究生期间,恰逢汉卡市场慢慢进入冷热成熟期,做汉卡的高科技公司大都赚了钱,当时像联想这样的大户每年都能卖出十几万套汉卡。身处深圳大学校园里的史玉柱,敏锐地发现了汉卡的巨大利润,再加上全英文的电脑开始从香港渗入内地,更是带动了中国汉卡市场的升温,他再也离不开这个市场了。于是,史玉柱大胆地干起了这一行。他针对市场需求,开发出了M－6401桌面排版印刷系统(汉卡系统的一种),他所研发的这种产品,具有很多高科技公司开发的产品所不具备的市场优势。

带着自己的成品,史玉柱毅然辞职下海了。因为他明白,如果不大胆一点,也许以后就再也没有这样的好机会了。

汉卡的第一张订单为史玉柱敲开了财富的大门,也照亮了他的前程。史玉柱在短短几个月内,便挣了数百万,捞到了人生的第一桶金。

上述的例子再次说明:要想在财富路上一马当先,就必须要有胆量、具有冒险精神。经商本身就是一种冒险,它放弃了按部就班的生活，选择了朝不保夕的征程，还要面临失败与挫折的挑战。没有冒险精神的人是不敢踏上这条路的。正如知名图书策划人石涛所说："美国有很多讨论富人的书，都得出结论证明富人并不比普通人聪明，学识也不一定比一般人多。要说富人智商有多高，那纯粹瞎掰。这些富人之所以能成功，而很多智商、学识远远高过他们的人却成功不了，是因为富人们具有的冒险精神或是敢想敢做的精神确实比别人强。"

成功者从某种意义上说，其身上都有某种程度的赌性。经营本身就是一种挑战，冒险与收获是结伴而行的，要想有丰硕的成果，就得敢于冒险。所以经商之初应大胆、壮胆、练胆，才能成就一番事业。

记住：成功者都是"胆大包天"的。要经商，先练胆。

智慧典藏

胆大，可能有风险，也可能没有风险，但收益可观；胆小，没有风险，也没有收益。要想在财富路上一马当先，就要胆大，敢做、敢为，因为有胆，所以敢冒险，所以成功路上所有人都给你让路，所以你能够取得成功。当然，有胆不等于鲁莽，不等于有勇无谋，不等于铤而走险，而应该有胆有识。切记！

想富口袋，先富脑袋

——知识是永恒的财富

老人曾说过一句让人受益匪浅的话就是，"想富口袋，先富脑袋"，掷地有声地告诉走在追求财富路上的创业者们，但凡想要拥有财富，知识和能力便成了先决条件。随着知识经济的发展，知识越来越体现出它的重要性。知识是创造财富的母体和工具，因此，要想富口袋，先富脑袋很必要。"要富口袋，先富脑袋。"这是众多先富起来人的经验。这句老话不仅刚刚创业起步的创业者们要切记，对于事业有所进展的人也应切记。

波斯著名诗人萨迪说过："知识是取之不尽的源泉，用之不竭的财富。"书是人类进步的阶梯；书是孵化器，是充电器，是加油站，读书能提升自我。知识不仅是永恒的财富，同时知识也能为我们创造财富。

有一个故事说：

一个满腹经纶的作家自从出名后，积累了一定的财富，便带着一些金钱和书本开始了环球旅游。在旅行过程中，他将自己的所见所闻一一记录下来，并靠教导他人或为人解答赚取酬劳。

有一天，他搭载的船被一阵可怕的暴风给掀翻了。船上的人都急忙抢救身上值钱的东西，作家却只拿了笔记本。一旁的同伴感到很奇怪，就问他："你不打算保护你的财产吗？"作家回答："我所有的财都在我的身上。"

当救援队刚来时，有些人因拿了过重的财物而溺水了，而作家则幸运地得到了救援。后来，他将这次经历写成了书，又获得了一大笔财富。他在接受采访时说了一句意味深长的话："财富终有一天会消失，而知识永远不会消失的，只要你还活着，知识就会永远跟随你，而且还会给你创造财富。只要有它，就会有一切。"

知识是唯一不会亏本的生产工具，一个有学问、有智慧的人懂得利用所学发挥自己的才华，改善目前的生活，帮助自己由困境跳脱出来，并使人生充满意义及乐趣。

当今社会，财富是许多人毕生仰望的坐标。先不说追求财富是否真有意义。但凡想要拥有财富，知识和能力便成了重要条件。世界华人首富李嘉诚说："在知识经济时代，如果你有资金，但是缺乏知识，没有最新的信息，无论何种行业，你越拼搏，失败的可能性越大；但是你有知识，没有资金的话，小小的付出就能够有回报，并且很可能达到成功。现在跟数十年前相比，知识和资金在成功的道路上所起的作用完全不同了。"

纵观世界上那些有名的财富经营者们，无不通晓"想富口袋，先富脑袋"的道理。

比尔·盖茨，亿万富豪，全世界的财富偶像，他曾连续13年蝉联世界首富。他在总结他的成功时说："是我家乡的公立图书馆成就了我。如果我不能成为优秀的阅读家，就无法拥有真正的知识。我直到现在依然每天至少要阅读一个小时，周末则会阅读三至四个小时。这样的阅读，让我的眼光更加开阔。"

从小比尔·盖茨酷爱读书，3岁时，便经常跟随母亲去西雅图历史和发展博物馆听母亲讲解本地区的文化和历史。7岁时就从头到尾地读完过整部《世界图书百科全书》。

此外，他还经常翻阅自家的藏书，内容涉及历史、法律、电子、商贸等。比尔·盖茨成天泡在书堆里。书开启了他通向理智世界的大门，为日后他那种以观念制胜的事业打下了扎实的基础。直到现在读书仍是他最大的爱好。

无独有偶，华人首富李嘉诚从小也爱读书。

李嘉诚从小就喜欢躲在小书房里，如痴如醉地看书，海阔天空地去考虑问题，即使有很多书他不能看懂或似懂非懂，但他仍能凭他的天赋和聪颖努力去领悟。3岁时，他就能背诵《三字经》和《千家诗》。

长大后，由于家里穷，他晚上将买来的旧书自学，读完后再将这些旧书拿到旧书店去卖，然后再用卖掉的钱买"新"的旧书。他曾说："年轻时的我表面谦虚，其实我内心很骄傲。为什么骄傲呢？因为同事们去玩的时候，我去求学问；他们每天保持原状，而自己的学问日渐提高。"

如今的竞争是建立在知识基础上的竞争。世界各国都在为抢占知识制高点而拼尽全力。谁掌握了知识，并能率先利用知识，谁就是财富的拥有者。未来靠知识赚钱，已成为我们时代的一道美丽风景。

戴尔公司的创始人迈克尔·戴尔说："应把学习视为一种必需品，而非奢侈品，当商业以如此快的速度在变动时，一不小心就会在市场上落后，今日的人必须有求知若渴的心。"现代社会，人们由对自然资源和技术工艺的依赖及珍视，逐渐转变为对智力、知识的拥有及对创造知识的人力资源的依靠和创新性培养上，转变为对组织学习创新能力的崇尚，学习已成为人们的一种必需品而非奢侈品。因此，让我们都能够增添主动学习的激情、勤奋实践的热情，刻苦学习，奋力拼搏，少一些浮躁喧嚣，多一些笔墨书香；少一些吃喝玩乐，多一些知识文化，不断提升我们的文化修养，不断涵养我们的精神气质，让我们的生命充满思想的活力，充满文化的魅力，充满知识的力量！

知识就是财富。知识创造财富的时代已经来临，努力吧！

⫷智慧典藏⫸

思路决定出路、观念决定贫富，要想口袋富，一定要先富脑袋。但同时也应在"富之"的基础上，进行富而"教之"，即在实现富了"口袋"的基础上，又必富"脑袋"。

买卖不懂行，瞎子撞南墙

——"投资"而不投机

行有行规、门有门道，各种不同的行业有它不同的专业知识和门道，相对来说门外汉如果不认真钻研是很难入门的。"买卖不懂行，瞎子撞南墙"这一民间老话说得就很有道理。因此，经营财富，"投资"不是"投机"，切莫急功近利乱投行。

一位企业家说："要想赢得商战的胜利，最重要的一点就是做你熟悉的一行。"纵观古今中外，那些称雄商场的大富豪，绝大多数是从自己最熟悉的行业开始的，只有极少数人投身完全陌生的行业，一赌成功。

真正的商人投资而不投机，冒险而不赌博，他们将眼光盯在自己熟悉的行业，以确保较高的成功率。不过，当失败对事业不构成严重影响时，也可以在陌生领域进行尝试。

对于所有做着发财梦的人来说，2006年，是一个令所有投资者兴奋不已的年份。这一年，投资的高回报率，令所有人激动。所有人都坐不住了，大家都在议论，谁买的股票又翻倍了，谁买的基金又涨了60%……总之，懂得、不懂的，大家都在跃跃欲试。

齐藤实在是坐不住了，将公司所有的流动资金买了当时最热门的银行股，就等着自己的股票上涨。

齐藤是日本一家公司的经理，2000年东南亚金融危机以前，投资者投资情绪高涨，齐藤从来没有进入过股市，这次购买银行股完全是被每天上涨的利息所吸引。谁知道，金融危机以来，日本受害最惨的就是银行，齐藤损失了所有的财产，公司也倒闭了。

这人的教训，就是齐藤莽撞不懂行，以致瞎子乱撞墙。俗话说"一行服一行、隔行如隔山"，这对经商更为重要。如果你只是想挣钱，而又不懂行，结果贸然行事，你会吃亏的。

隔行如隔山说的是每个行业、领域、专业都有其自身的特殊性，有不同于其他行业领域的技术、技巧和方法，相互之间存在这样那样的差异。正是这种差异性，要求人们必须干一行研究一行、精通一行，努力成为行家里手。

隔行如隔山，不熟悉就别做。如果对一个行业完全没有认识，凭一时的兴趣，是不应该轻举妄动的。

H. L. 亨特于1889年出生在伊利诺伊州农村，是家里最小的孩子。他的父母经营农场，家境比较殷实，但他从小就没有接受过正规的教育。1912年，23岁的亨特开始在阿肯色州经营棉花种植园。第一次世界大战带来了农产品价格的上涨，亨特因此赚了人生中的第一桶金。

1950年，亨特开始转向石油，并组建了自己的石油公司，实现家族化的经营模式。亨特的石油公司事业蒸蒸日上。1974年H.L.亨特去世，他被称为美国石油界的传奇人物。可是，亨特家族震惊世界的历史才刚刚开始。

H.L.亨特有14个孩子，其中，尼尔森·亨特和威廉·亨特作为亨特家族的活跃分子。1973年尼尔森·亨特开始利用整个家族的力量，进行大豆投机，以牟取暴利，后来由于美国政府的控制，亨特家族收到的将不是现金利润，而是堆积如山的大豆。

投机大豆失败后，亨特家族又开始了投机白银，可是亨特家族并不是市场上唯一控制白银的人，比如墨西哥政府当时就囤积了5000万盎司的白银，而且成本远远低于亨特家族的购买价，5000万盎司的巨大抛盘立即摧毁了市场，这次银价暴跌，亨特家族虽然没有亏本，但账面利润已经大大减少了。后来，随着激烈的市场竞争，亨特家族势力开始下降，现在，这个家族已经不再是商业界举足轻重的角色了。

亨特家族失败的经验告诉我们，无论投机对象是农产品，还是贵金属，或是其他，只要有人投机，就必定会失败，并且有人破产。

"只买我能弄明白简单的东西。"这是"股神"巴菲特多年来反复强调的投资理念。他说："投资必须是理性的，如果你不能理解它，就不要投资。"他始终坚持不熟悉不做的投资原则，他自觉远离那些自己能力所无法把握的投资品种，也就是说从来不碰那些看上去有很高收益，但自己完全不熟悉的企业。巴菲特尚且如此，一般投资者怎么能随便投资自己完全陌生的，所谓高收益的投资对象呢？

商业是一门科学，外行经营难免是要碰壁的。做生意不是赌博，生意有风险，入市需谨慎。

≪智慧典藏≫

的确，经商要懂行。一旦你决定经商、创业，你就需要具备一定的商业知识和经营之道，要学会眼观六路，耳听八方，把握商机，开拓业务。这当中，精通本行业的业务尤其重要。

和气生财，忤逆生灾

——与人为善是事业的根本

"和气"，古人认为天地间阴气与阳气交合而成之气，万物由此"和气"而生。同时，"和气"是一门为人处世之学，遇到烦事、乐事、悲事等诸多事情的心境之和，人与人、人与物等宽容、谅解、协调等关系之和，做好事行善事的良心之和等，这样的人定会招财进宝。而不和气呢？就是与和气相反的行为，说些忤逆之类的话，做些忤逆之类的事，这样的人必会招来灾祸。难怪老人们会说："和气生财，忤逆生灾。"和气生财，古人即知，经商之人更知。

马云曾说："注重自己的名声，努力工作、与人为善、遵守诺言，这样对你们的事业非常有帮助。商业合作必须有三大前提：一是双方必须有可以合作的利益，二是必须有可以合作的意愿，三是双方必须有共享共荣的打算。此三者缺一不可。"与人为善，才是经商之道。

在胡雪岩的生意生涯中，与人为善一直是他的座右铭，他把与人为善看得很重，因为他认为"积恩则昌，积怨则亡"。

清政府于1864年消灭太平军之后，各省纷纷办洋务，大造战舰，加之与外国人做生意可以从中提取丰厚的回扣，于是当时的很多官员都趋之若鹜。

但是购买炮舰的事却事关重大，因为一笔交易动辄数十万两银子，按照清朝官场的潜规则，与外国人做生意是可以从中提取回扣的。一笔数十万两花费的交易可以从中提取回扣不下十万两，所以，这是一件油水丰厚的事。一次落台的刘大人没有将买炮舰的事向巡抚黄大人汇报，拿了这么多的回扣，刘大人觉得有点心虚，尽管朝中有自己的老师做靠山，但这毕竟是巡抚黄大人的天下，于是刘大人决定拉拢黄大人的表亲周道台入伙。一则周道台能言善辩，同洋人交涉是把好手；二则他是黄巡抚的表亲，万一事发，不怕巡抚大人翻脸。

周道台本来就是一个见钱眼开的人，看到现在又有油水捞了，自然十二分地愿意帮助刘大人。于是他和巡抚大人帮刘大人同洋人洽谈，这事本来做得机密，不巧却被巡抚大人手下的何师爷发现了。何师爷因为和胡雪岩是好朋友，加之他平时对周道台也十分看不惯，于是就把这件事对胡雪岩说了。

而胡雪岩又把这件事对自己的好友王有龄说了。时任湖州知府的王有龄听到这件事后非常高兴，因为周道台对王有龄使过一回手段，在巡抚大人面前打过他的小报告，让他的仕途差点就断送了，也影响了胡雪岩的生意。王有龄现在觉得是报复的时候了。他主张原原本本地把事情告诉黄巡抚，让他去处理。但胡雪岩却认为此事万万不可，生意人人做，大路朝天，各走半边。如果强要断了别人的生意，得罪的可不是周道台一个人。

最后两人决定由何师爷出面解决这件事情。带着胡雪岩和王有龄的嘱托，当天夜里，何师爷就去找周道台。何师爷敲开周道台家的门，二话不说，就把两封信交给周道台，周道台打开一看，吓出一身冷汗，因为信上明明白白写着他与洋人做生意购买炮舰的事情。这可是让他丢掉乌纱帽的事情。何师爷看到周道台这种反应，趁机说他在巡抚院中经过，看见有人扔进来两封信。他捡起来一看，原来上面写着告发周道台同洋人购买船只的事情，他觉得大事不妙，出于同僚之情，才来通知周道台的。周道台听何师爷这么一说，早吓得魂飞魄散了。呆呆地站在那里，不知道该如何是好。周道台自己也知道，平时自己与别人结怨太深，这一次肯定是有人报复，于是他拉着何师爷的衣袖求他出谋划策指条明路。

何师爷故意沉吟了很久，才对周道台说，这件事是箭在弦上，不得不发。既然已经同洋人谈好了，不买也是不行的。但是要买的话，却需要一笔巨款，这么多的钱自己一时又拿不出来，只能叫一位巨商提供资助，弄妥当之后，再向巡抚大人汇报。这下可把周道台给难倒了，以周道台的人际关系，在江浙一带，哪里有什么巨商大贾的朋友，周道台急得就像热锅上的蚂蚁。看到周道台的这种情形，何师爷按照计划又给周道台指明了一条路。他说湖州知府王有龄有一个结拜兄弟胡雪岩，是江浙大贾，可以向他求救。但是周道台一听到王有龄的名字，心里就有难言之隐。

而何师爷也知道周道台此时的心思，于是又对他讲明其中的利害关系，听得周道台又惊又怕，想想确实无路可走，只有厚着脸皮向王有龄求助了。于是第二天一大清早就去拜访王有龄。王有龄也早就做好了准备迎接周道台的到来，双方坐定之后，周道台说明了来意，王有龄沉吟片刻，道："这件事兄弟我原不该插手，既然周兄有求，我也愿意协助，只是所获的回扣，分文不敢收，周兄若是答应，兄弟立即着手去办。"周道台一听，还以为自己听错了，哪有办事不要钱的？以为王有龄觉得自己在开玩笑，不是真心相求，于是赶紧声明自己是一片真心。最后，两人推辞了半天，王有龄就是不要回扣，周道台无奈，只得应允了。于是王有龄到巡抚衙门，对黄巡抚说自己的朋友胡雪岩愿意借资给浙江购船，事情可托付周道台办。巡抚一听又有油水可捞，立即应允。

周道台见王有龄做事如此厚道大方，亲自到王府负荆请罪，于是两人成了莫逆之交。有了周道台这层关系，以后胡雪岩的生意就更好做了。

胡雪岩四处与人为善积累的恩德，就像随手撒下的种子，为他带来了许多的商机和回报。

一个人无论与谁相处，如果都能以善意做"底蕴"，时时刻刻给人带去一团和气，那么他就肯定能够与人相处得如胶似漆。这样的人如果事业上有点什么困难而需要别人帮助的话，那么帮助他的人肯定很多。相反，如果一个人无论到哪儿都带去一身的戾气，为了一点蝇头小利互相争斗、相互怄气，那么与人交恶就是肯定的了。这样的人，处于事业的低谷的时候，等待他的肯定不是别人的援助之手，而是落入井中的石头。在这一点上，下面的例子为我们提供了一个值得思考的教训。

全球华人首富李嘉诚，最初只是一个茶楼卑微的跑堂者，一个五金厂普通的推销员，而且只有初中教育背景；但是，他经过不懈地奋斗，成为了商界的风云人物。

成功的背后，究竟有什么秘密呢？香港一家媒体，曾经做出了这样的评价："李嘉诚发迹的经过，其实是一个典型青年奋斗成功的励志故事，一个年轻小伙子，赤手空拳，凭着一股干劲儿勤俭好学，刻苦勤劳，创立出自己的事业王国。"

不过，李嘉诚认为，自己事业有成的真正原因是"懂得做人的道理"。他多次说过这样的话："要想在商业上取得成功，首先要会做人，因为世情才是大学问。世界上每个人都精明，要令人家信服并喜欢和你交往，那才是最重要的。"

早年，李嘉诚生产塑胶花，曾有一位外商希望大量订货。不过，对方有一个条件，必须有实力雄厚的厂家作担保。这对白手起家、没有任何背景的李嘉诚来说，无疑是一个严峻挑战。

李嘉诚硬着头皮，上门求人为自己担保，最后磨破了嘴皮子，还是一无所获。看来生意要泡汤了，他只得对外商如实相告。

外商被李嘉诚的诚实打动了："说实话，我本来不想做这笔生意了，但是你的坦诚让我很欣慰。可以看出，你是一位诚实君子。诚信乃做人之道，也是经营之本。所以，我相信你，愿意和你签合约，不必用其他厂商作担保了。"

不料，李嘉诚却拒绝了对方的好意，他说："您这么信任我，我非常感激！可是，因为资金有限，我确实无法完成您这么多的订货。所以，我还要遗憾地说，不能跟您签约。"

这极富戏剧性的变化，让外商大为感慨，他没有想到，在"无商不奸、无奸不商"的商场里，还有李嘉诚这样的诚实君子。于是，外商当即决定，即使冒再大的风险，也要与这位诚实做人、品德过人的年轻人合作一把。最后，外商预付货款，帮助李嘉诚做成了这笔买卖。

做一名成功的商人，有一个精明的头脑还远远不够，还必须在做人处世方面有过人之处。李嘉诚在商业上的成功，与其说来自精于计算，还不如说是做人的胜利，是他诚信待人、广结善缘的结果。

事业是人干出来的，如果人与人之间能够做到相互理解、相互尊重、相互支持、相互合作，心往一处想，就能形成推进事业发展的强大力量。俗话说，家和万事兴，人和事业兴。事实证明，一个单位、一个地方、一个社会与人为善蔚然成风，同事之间、邻里之间、成员之间关系融洽，大家都来干事创业，就一定会出现事业兴旺发达、社会和谐稳定的良好局面；反之，如果人们不是与人为善，而是损人利己、以邻为壑，那就必然会带来纷争不断、内耗严重、离心离德，进而导致工作难有起色、事业难以发展。从这个意义上说，是否与人为善，事关大局、事关稳定、事关发展；坚持与人为善，利人、利己、利社会。

智慧典藏

古人云，"君子莫大乎与人为善"，只有这样，善的种子才会在心间开出最美丽的花，散发最甜美的香气，结出最丰硕的果实。

三十六行，行行出状元

——勇于创新，创造业绩奇迹

生活中，只会盲从他人，不懂得另辟蹊径者，将很难取得成功和荣耀。条条大路通罗马，成功没有标准，找对自己的位置，就是成功的人生。就如同老人们常说的，"三十六行，行行出状元。"

《创新的挑战》一书中，戴维·赫西曾写道："创新是工作中的新思路，它可能是一个流程的简单的改变，也可能是复杂的全新市场的进入。"创新是企业发展的灵魂，它能指引我们向着成功不断迈进。在激烈的市场中，没有一劳永逸的神话，没有永恒的产品和市场，只有永恒的市场变化，只有不断创新，才能把企业带向成功、带向未来。因此，企业要想获得成功，创新是必不可少的。

创新是海尔发展的永恒主题和不竭动力。

海尔集团是目前为止中国发展速度最快的家电企业。海尔之所以能够成功，关键是靠自主创新，并且是独到的、差异化的、快速的创新。海尔集团首席执行官张瑞敏说："海尔价值观的核心就是两个字——创新。可以说这一价值观已成为海尔的灵魂，也成为海尔进军国际市场的不竭动力。"

海尔集团始终以技术创新作为发展的手段和依托，经过 28 年创业创新，从一家资不抵债、濒临倒闭的集体小厂发展成为全球家电第一品牌。2012 年，海尔全球营业额 1631 亿元，利润 90 亿元，在美国波士顿（BCG）咨询公司发布的 2012 年度"全球最具创新力企业 50 强中"，海尔是唯一进入前十名的来自中国的企业。

主动创新给海尔集团以丰厚的回报。创新是每一个企业不断提升的动力，也是创立并保持竞争优势的灵魂。只有不断创新，才能在未来的发展道路上从容应对、领先一步。海尔这种不断创新的精神是特别值得称道的。

在工作中，成功是阶段性的。要想持续地将成功进行到底，笑到最后，就必须时刻求变、时刻总结，即要拥有创新精神。只有勇于创新，才能不断地创造业绩上的"奇迹"，才能推动自己，推动一个组织不断向前发展。

美国著名的企业家哈默说："天下没有坏买卖，只有蹩脚的买卖人。"工作中能够创造出多少价值，做出多少业绩，关键是看你愿意融入多少智慧。创新是一项极为重要的智慧，要想创造更多的业绩奇迹，就要主动去观察，开发新思路、新思维，用全新的视觉去思考当前的问题，这是让自己脱颖而出、获得制高价值的重要捷径。

詹姆斯是一家珠宝设计公司的总裁。他明白，要想让自己的产品在市场上足够抢眼，就必须打造自己的特色。

詹姆斯想到，象征爱情的首饰多数是以心形构图，这已经受到广大消费者的认可和接受。为此，他依旧沿用此传统，不过，他的设计却不同于一般的设计，而是将宝石雕成两颗心互相拥抱状，以此表现出"心心相连"的浪漫。接着，为了表现爱情的纯洁，他又用白金穗铸成两朵花抱住宝石。这个创意，令所有人都很满意。

不过，詹姆斯还没满足，他在两个白金穗中，又设计出了一个男婴和一个女婴。女婴手里，牵着挂在宝石上的银丝线，以此来祝福新郎新娘未来美满幸福的家庭。那条男女婴儿牵的银丝线更是独具特色，那银丝线上有很多手工镂刻出的皱纹，皱纹的数目能够随意增减。这个设计，詹姆斯是为了方便购买者，让他们可以利用皱纹来做记号，比如男女双方的生日、订婚日期、结婚年龄及其他人秘密。

詹姆斯的创意设计，使这款戒指非常受欢迎，几乎每对新婚夫妇都会对它赞不绝口。就这样，詹姆斯公司的生意越来越兴隆，他的产品很快成为市场的亮点。这个别具匠心的创意为他掘出第一桶金之后，他并没有停步，而是不断地总结，求变，探索新的生产工艺。经过不断努力，他又发明了镶嵌戒指的"内锁法"。

一天，一位商人慕名而来，他拿出一颗硕大的漂亮蓝宝石，要詹姆斯镶嵌出一个与众不同的戒指，并且最好能使蓝宝石得到很好的体现，商人想将这枚特殊的戒指送给自己的未婚妻。

詹姆斯明白，这个图案在设计上并没有什么惊人的举动，而是在宝石的镶嵌方式上进行再创新。他将宝石包托起来，这样宝石有近一半被遮盖。这个创意被商人认可后，詹姆斯的公司再次名气远扬。

这种内锁法一经上市，立刻得到了消费者的喜爱。这一项发明很快便获得了专利，珠宝商们竞相购买，詹姆斯赚到了一笔可观的技术转让费。

后来，詹姆斯又发明了一种"联钻镶嵌法"，采用这种方法将两块宝石合二为一做成的首饰，能够使一克拉的钻石看来像两克拉那样大。这种轰动效应，使人们到处抢购这种戒指，而珠宝商们也纷纷争相抢购这项专利。

就这样，詹姆斯利用自己聪明的头脑与大胆的设想，最终成为

"钻石大王"。

詹姆斯之所以最终能成为"钻石大王",达到了凝聚财富、取得成功的目的,其中的奥秘就是创新意识的表现,这就是创新的力量。拥有了创新的思维,可以让看似难以逾越的困难迎刃而解,可以让看似难以完成的工作顺利进行。

总之,在市场经济条件下,人云亦云,万事跟风走,随大流,缺乏创新,企业只有死路一条。为此,成功的企业家应具备勇于创新、善于创新的基本素质。运用智慧,不断创新,一定能够开创出一片灿烂的新天地。

❧智慧典藏❧

创新是企业发展的永恒主题和动力。企业要想获得成功,创新是必不可少的,但是,缺少了继承,创新便会成为无源之水,无本之木。

创业百年,败家一天

——守业更比创业难

"创业百年,败家一天。"这是老人们常常挂在嘴边的一句话。无非是想告诉我们,在创业成功的同时,更应该做好守业工作。

据《资治通鉴·唐纪》中记载:

贞观年间,唐太宗经常与大臣们讨论创业与守成的难易问题。一次,唐太宗李世民问房玄龄、魏征等人:"创业与保持已有的业绩哪个更难些?"

历经千辛万苦帮助建立唐朝的房玄龄回答道:"国家开始创立时,我们和众多豪强竞相起兵较量,经过拼死争夺后,才取得天下,让我们才得以称臣,创业难啊!"

这时旁边的魏征却说:"纵观古今,帝王中无不是在艰难的时候取得天下的,然而却是在安逸的时候失掉天下的,保持已有的业绩难啊!"

太宗说:"房玄龄协助我一起历经百战,九死一生才夺得天下,所以我知道创业的艰辛,而魏征协同我一起安定天下,常常担心在富贵的时候滋生骄奢,疏忽的时候发生祸乱,所以说保持已有业绩的艰难。但是创业的艰难已经过去;保持已有的业绩的艰难,正应该和大家谨慎对待。"

俗话说:"创业易守成难。"正如一个创业成功者在接受媒体采访时所说的那样:"每个创业的人都是充满着豪情壮志投入战斗,我相当幸运地把创业初的小小理想都实现了,我是应该满足的。但我现在的感觉却是犹如爬山的人用尽所有力量爬到半山腰,思索要不要继续榨尽心血继续前行攀登永无止境的高峰。我犹豫了,坚守不变的经营,还是大刀阔斧调换角色,有挑战的激情,有憧憬的诱惑,有担心的无助,有失败的害怕。"

很多创业者多有过这样的经历:创业前认为最艰难的是筹备阶段,而公司正式运转以后,各种问题接踵而至,令人不知所措。如一些公司刚开始创业时,经过一段时间的艰辛后,遇到了好的机遇,从而创业成功。但是在发展过程中遇到了瓶颈:在公司管理上、发展战略上出现了一些问题;缺乏经验的准备和重组资金支持;如何保持创业时的激情,等等。

明末农民领袖闯王李自成身经大小几百战，虽然其间有过挫折，有时甚至只剩下几十人，终于推翻了统治了 200 多年的明王朝。可是进入北京城后，被胜利冲昏了头脑，内部不和，军纪涣散，只有 40 余天，就又匆忙披上刚刚卸下的战甲，仓促应战，最后竟败于吴三桂手里，叫后人扼腕长叹。李自成为什么会那么快就失败呢？最重要的一条就是他不懂得守业更难的道理，不知道往后的日子更长，道路更艰难，以致他这个本来握霹雳、挟雷霆，高瞻远瞩的人，变得目光短浅，坐不稳金銮殿。

回顾我国新中国成立的历程，正如陈毅同志所写的：创业艰难百战多。无数先烈英雄抛头颅、洒热血，出生入死，浴血奋战，经过 20 多年漫长的岁月，才推翻群魔乱舞、人民生活在水深火热之中的黑暗世界，建立了光明的新中国——中华人民共和国。

新中国成立以后，我们就加紧了经济建设，医治战争创伤，使国民经济飞速发展。但是，某些领导在胜利面前开始不谨慎了，致使 10 年的"文化大革命"被林彪、江青一伙钻了空子，造成 10 年浩劫，国民经济濒临崩溃的边缘，无数革命先烈用鲜血换来的壮丽江山几乎毁于一旦。

相对于创业之初的轰轰烈烈和勇于拼命，守业则更需要水一般的智慧和山一般的刚毅。

创业是一条漫长而艰辛的路，成功与否，除了与创业资金、创业机会有关外，还与创业理念、创业方法密切相关。因此，创业者事先要考虑到各种要素，做好万全的准备，同时还应具备相关的经验和专业知识，这些都是不可或缺的创业条件。

我们需做一个在创业和守成的路上都能拼搏的开拓者。

　　守业更比创业难，在"创好业"的前提下，我们应做好万全的准备"守好成"，在"守好成"的基础，我们应在新的起点线上"创好业"。

君子一言，驷马难追

——经商之道在于"信用"

　　古语有："君子一言，驷马难追。"所谓，言必行，行必果，说到做到，此是君子也。在商业活动中，信用是第一要义。它是经商的第一生命，也是盈利的基础。一个讲究信用的人，别人才会更愿意跟他合作，才会获得更多的财富。

　　昆德拉在《生命不能承受之轻》中说："所谓人生，即是周而复始的诚实、友好、信任的给予与被给予。"是的，信用是金，但它比金子更宝贵；信用如歌，但它比歌声更悦耳；信用是诗，但它比诗更动情。信用是一笔宝贵的财富，拒绝信用的人生就是拒绝财富的人生。

　　当今世界，犹太人一直被认为是世界上最会赚钱的人。全球只有 1500 万的犹太人，占全世界总人口的 0.3%，可是，在美国顶级富豪榜上，犹太人占据了 1/4 还多的位置，在其中前 40 名当中有 18 名是犹太人。美国有 600 万犹太人，占美国人口的比例只有 2.3%，但是，排名前 400 名的美国富翁中，有 100 人是犹太人。

这似乎印证了犹太人是最会赚钱的。

根据世界犹太人理事会主席、美国犹太裔联合会主席杰克·罗森写的《犹太人成功的秘密》一书中记载：犹太人的成功秘诀在于讲究信用。

书中说："犹太人一直奉行'成功经商的基础是信用'这一准则。犹太商人非常重视自己的商誉和信用。在犹太商人看来，一个好的名声就像上等水晶一样需要珍爱，因为名声一旦被粉碎，就永远不存在了。"

犹太商人走遍世界都会向客户展示他们的诚信。如今，诚信已经成为了犹太人走遍世界的民族品牌和商业道德。

诚信是做人的根本，是事业成功的基础，也是经商不可或缺的基本品质。诚信，能让你的生命焕发无尽的光彩。只有讲信用的人，别人才会愿意与他合作，才会获得更多的财富。

信用是一种彼此的约定，是一种具有约束力的心灵契约。为人诚信，不是一句空话，一纸空文，而是信守人生的一盏明灯，是信守心中的一座圣殿。信守承诺，只有将灵魂祖露于天地之间，才能为自己交上一份满意的答卷。

日本商人藤田田的成功秘诀就来源于他的信用。

1968年，藤田田接受了美国油料公司订制餐具300万个刀叉的合同。合同规定交货日期为9月1日，交货地点在美国芝加哥。合同签订以后，藤田田马上委托离东京很远的岐阜县关市的业者制造。为什么要到这么远的地方去生产呢？因为日本制造刀叉行业，都集中在关市，而这些从业者做得都还不错。

藤田田估计，按正常情况，9月1日在芝加哥交货，只要能在8月1日由横滨出货，就不会耽误交货日期，可是，这些制造商生产了一段时间，却毫无进展，无论藤田田如何跟他们说，他们还是不能在规定的时间交货。

藤田田盘算了一下，如果在 7 月中旬由关市出货时，就可在 8 月 1 日从横滨装船出港，但是据制造商估算要到 8 月 27 日才能出货，这样非空运是不能如期交货的，但芝加哥到东京的空运费用约 3 万美元，对运 300 万个刀叉来说，绝不合算。但是，双方签订了合同，无论如何必须如期交货，否则，一旦失约，对方就不会相信他了。

于是，藤田田租下了泛美航空公司波音 707 飞机，交了 3 万美元（合计日元 1000 万元）空运费，货物如期运到。

这次，虽然损失了藤田田 1000 万日元的空运费用，但赢得了客户的信任，维持了良好的合作关系，并保证了信誉。

后来，他又签了一单 600 万的刀叉，但是，由于制造商又延误了交货日期，无奈又只好租机空运交货。

这两次，虽然让藤田田吃了大亏，但他得到了美国商人的信任。从此，在商业界人们都称呼他为"那个人是守约的日本人"。

马尔克斯在《百年孤独》中这样写道："守信是一项财宝，不应该随意虚掷。"信守承诺是诚实守信的体现，是每个人都应该遵守的行为和生活准则，是支撑人性的基石，是人类的美德。

生命因为守信而凝重、而美丽。信守承诺，兑现承诺是人的美德。孔子言："民无信不立。"孟子曰："言而有信，人无信而不交。"信用是一种承诺，是一诺千金，"一言既出，驷马难追"，人生在世，贵在守信。

◆**智慧典藏**◆

在漫漫人生路上，守信是最美、最宝贵的。它不仅仅是一种做事的态度，更可以透视出一个人的人格魅力。信守承诺，就如同握住一束馨香的花朵，让他人快乐使自己陶醉；虚掷承诺，信用就像玻璃一样脆弱，坏了将无法修复。

业无高卑，事在人为

——小生意也能赚大钱

时下，人们谈到做生意如何赚钱时，都把眼睛盯在所谓的大生意上，而对小生意却不屑一顾，事实证明这种认识是错误的。老人们常说："业无高卑，事在人为。"就是告诉我们，其实，行业无贵贱之分，小生意也能赚大钱。这话所蕴含的道理，对于经商的人，尤其对于刚刚创业的人来说，具有很强的指导意义。

据相关调查资料表明：世界上90％以上的富翁都是从小商贩做起的，都是通过赚不起眼的小钱、做普通人都不愿干的小生意白手起家的。古语说："大海不拒细流，故能成其大；泰山不却微尘，故能成其高。"在商场上，很多时候，成功的大商人都是从小生意做起的，才慢慢成就了大的事业。

现实生活中有这样一群人：有着远大的理想，一心想发大财、赚大钱，往往瞧不起身边那些小生意、小钱，认为只有做大生意才能赚大钱。事实上，只要你用心观察，就会发现，很多有名的富人，包括一些大企业，都恰恰是从小生意做起来，或者是从小生意上赚取第一桶金的。

美国人戴夫·高德是美国小生意赚大钱的楷模。

1982年，美国人戴夫·高德在加州开设了第一家99美分商店。它开启了一个全新的商业模式。99美分商店的商品主要为基本食品、基本日用品、节日礼品，其中基本日用品的比重最大。99美分商店里的商品与其他商店的不同之处，就是其商品价格是一刀切（除少量商品价格超过99美分以外）。就这样从小生意开始，"99美分店"正在改变美国零售业的历史。

"99美分店"于1996年在纽约证券交易所上市，目前市值大约在10亿美元。截至2008年底，该公司已拥有217家分店，2007年全年销售额超过10亿美元，公司的财务状况非常良好，持有现金1.75亿美元，债务则为零。其股票价格从上市以来已增长了8倍，创始人戴夫·高德更成为亿万富翁，其家族拥有的财富也超过了6.8亿美元。

由此可见，并不一定要做一番惊天动地的大事才能获得成功、赚大钱，从小生意做起，同样也拥有赚大钱的机会。

李嘉诚说："一件看不起眼的事，可能带来非凡的效益；一门心思要做惊天动地的大事，最后反而可能一无所获。"新东方董事长俞敏洪说："获得成功是所有创业者的梦想，一夜暴富的例子虽然也有，但这毕竟是少数，大部分人的成功是靠一步步艰辛地走出来的。所以，在我看来，创业要从小事情做起，小事情不等于没有远大的理想和伟大的目标。做小事也需要努力，小事积多，就会慢慢发展壮大，最终会走向成功。"我们只有着手做好自己的小生意，才能干出一番大事业来。否则，好高骛远、不愿意做小事的人，其生命长河只会黯淡粗糙，他们的人生也始终发不出金子般的光辉。

石油大亨洛克菲勒的成功，就得益于从"不起眼儿"的商品中发现商机。

洛克菲勒出生于美国纽约一个商人家庭。在极小的时候，父亲就不断向他灌输金钱至上的观念，并提醒他说："人生只能靠自己，做生意一定要趁早。"在父亲的影响下，洛克菲勒从小就懂得如何去赚钱。他给自己定了第一个人生目标，那就是拥有 10 万美元，于是，他在高中二年级就放弃学业，开始与人合作经商。

在 1859 年，美国宾夕法尼亚州的第一口油井钻探成功，引发了席卷全球的石油热潮，人们就纷纷投资石油这个"黑色黄金"。年轻的洛克菲勒从中看到了这项事业最为广阔的发展前景，但是他却知道自己这时候并不具备投资的实力，于是没有立即采取行动。

在以后的几年时间里，大批投资石油公司纷纷倒闭。在 1861 年，美国爆发了南北战争，洛克菲勒从中看到了真正的商机。在其他人还在犹豫、观望的时候，他就冒着极大的危险，与人合伙争购了安德鲁斯—克拉克公司的股权。当年，他只有 26 岁，办事极有魄力、有手段。他的生意越做越大，很快地，他麾下的标准石油公司就控制了美国出售的全部炼制石油的 90%，但他并未就此停步。

在 19 世纪 80 年代，利马地区又被人开采出一个大油田。这里的石油含碳量极高，被称为"酸油"。当时，还没有"酸油"的提炼技术，所以价格很低廉，每桶也只有 15 美分。很多人对此不屑一顾，都放弃了对这座油田的投资，而洛克菲勒则执意要买下这个油田。他始终相信，在不远的将来，炼油技术一定会成熟的。果真，两年之后，人们便找到了提炼"酸油"的方法，油价一下就从 15 美分涨到 1 美元，标准石油公司在那里建造了世界上最大的炼油厂，获得了几亿美元的利润。极快地，洛克菲勒就控制了全美国的石油资源，成为世界首富。

洛克菲勒正是善于从不起眼的生意中发现商机，才赚得大利润，这也成就了他世界上最伟大的企业家的美名。他的成功轨迹，再一次说明了"赚小钱、做小事是赚大钱、做大事的必要步骤"的道理。所以对于创业者来说，在创业的初级阶段，一定要树立这样的观念：勿以利小而不为，小生意也能赚大钱。同时，也要站在更广阔和更高的地方去经营你的梦想，这有利于你看到小生意上蕴藏的商机。

另外，也要知道，任何财富的积累都是一个以少积多的过程，在任何时候都不要看不起小钱，不要认为它们没有用处，不要认为只有发大财才算成功。看不起小钱就赚不到大钱，没有一个小成功也成就不了大事业。

❖智慧典藏❖

对于充满商业细胞的商人来说，赚钱可以是无处不在、无时不在的。他们一般都会先做小事，先赚小钱，因为他们懂得经营小生意是经营大生意的基础，同时经营小生意才能赚大钱。

打下江山要靠胆，守住江山就要靠脑

——创造、抓住商机

创业是创业者对自己拥有的资源或通过努力能够拥有的资源进行优化整合，从而创造出更大经济或社会价值的过程。而商机的创造、识别和捕捉是这个过程的核心。很多创业者在创业过程中，缺乏的不是机遇，而是一双慧眼，一个能从细节中发现和利用商机的头脑。有心处处皆商机，"打下江山要靠胆，守住江山要靠脑"这是每个创业者都要牢记的老话。

马克思曾说过："商品的价格不能在流通中产生，但是也不能离开流通而存在。"市场是流通的领域，它孕育了无限的商机，它到处都闪耀着金色的光芒，照亮了每个淘金者，但是，只有那些善于捕捉、创造商机的人，才能取得成功。

"牛仔大王"李维斯是一个能不断创造和抓住商机、发财致富的人。他的故事在很早的时候就被人们津津乐道。

早在19世纪50年代的时候，李维斯就像许多年轻人一样，怀着梦想漂洋过海，前往美国淘金。但是，在途中，他刚好遇到了一条河。经过他的考察，发现摆渡是个不错的机会，而去淘金，一段时间后不一定有成效。于是，他设法去租船，做起了摆渡的生意，结果赚了一大笔钱。

后来，听说加州发现了金矿，年轻的李维斯相当着迷。到了矿厂，李维斯又发现，采矿是一件相当辛苦的工作，而当地饮用水极为紧张。于是，他伙同几个年轻人一起去卖水，又赚了不少钱。

一次，他去矿地推销帐篷时，一个淘金人告诉他，"我不需要帐篷，我现在最需要的是长裤，耐磨的长裤。"听得这样的回答，李维斯为之一震。他发现，因为淘金者们是跪地采矿，许多淘金者裤子的膝盖部分极容易磨破。李维斯开了窍：为什么我不把帐篷制成裤子卖呢？当天，他就把帐篷做成了裤子，订制了世界上第一条牛仔裤。由于这种裤子坚固耐磨，价格公道，很快便得到了广大淘金者的认可和推崇，最终实现了自己的财富梦。

李维斯的成功说明了捕捉、把握和创造商机是一种能力，创造、抓住商机会帮助我们在人生的道路上苦苦跋涉时，有一次转折性的飞跃，从而不断取得成功。

当然，捕获了商机，并不代表你就成功了，它只不过是你人生道路上的一条捷径而已。捷径固然便捷，但却充满了风险，它就要求你自备一定的解读风险的素养，最终才能达到成功的顶峰。

成功的风险投资家阿瑟·洛克搜寻商机的准则非常值得借鉴："能够改变人们生活和工作的创业思路。"在现代商品经济时代，一些被人忽视的潜在市场正在不断涌现，有眼光的创业者，就要能挖掘潜在市场，见人之未见，想人之未想，这样才能造就令人炫目的财富。

❖ 智慧典藏 ❖

财富经营在于抢人之机，先发制人。然而，"先发"固然易于"制人"，而"后发"则未必受制于人，同样可以制人。

第八章 职场称雄课

不怕人不请，就怕艺不精

——干一行，爱一行，精一行

张戴金写过这样一首诗："我，创造了财富；我，是幸福的源泉；我，是穷人唯一的依靠；富人如果离开了我，必然百无聊赖，过早走向坟墓；我，创造了国家；我，开创了惊世的工业，铺设了无双的铁路，修建了冲天的高档楼……我是谁？我是什么？我就是——工作。"工作是社会赋予个人的责任和义务，同时是我们一生必须去做的事，是我们实现理想的必经之路。老人们常常说："不怕人不请，就怕艺不精。"要想实现你的理想，就必须热爱你的工作、喜欢你的工作，并精通它，你的目标就不远了。

专精定律即一学定律：一者，谓专精也，用心一也，专于一境也。谓之不偏、不散、不杂、独不变也，道之用也。故君子执一而不失，人能一则心纯正，其气专精也；人贵取其一，至精、至专、至纯，大道成矣。此自然界生产力之不二法则。人在职场，一个基本理念是：凭本事吃饭，靠业绩取胜，你的技艺的高度决定事业的高度，因此，要想获得更高的发展速度，你就必须干一行、爱一行、精一行。

一位自认为很有才的年轻人，毕业后一直找不到理想的工作，屡次碰壁。多次的失败让他伤心绝望，他觉得自己是匹不可多得的千里马却碰不到伯乐，痛苦绝望之下来到大海边，打算就此结束自己的生命。这时恰巧一位老者从附近经过，问年轻人为什么要这样做，年轻人十分沮丧地说："我有能力，但是没有人赏识我，社会不认可我，没有人看重我，我感到很失望。"听罢，老人从脚下的沙滩上捡起一粒沙子，让年轻人看了看，然后随便地扔在了地上，说："请你把我刚才扔在地上的那粒沙子捡起来。""这根本不可能！"年轻人说。老人没有说话，从自己的口袋里掏出一颗晶莹剔透的珍珠，也是随便地扔在了地上，然后对年轻人说："你能不能把这颗珍珠捡起来呢？""当然可以！""那你明白了吗？你应该知道，现在你还不是一颗珍珠，所以你不能苛求别人马上承认你。如果要别人承认，那你就要想办法使自己成为一颗珍珠才行。"年轻人蹙眉低首，一时无语。

是的，你现在还不是一颗珍珠，所以别人不会承认你的。换句话说就是，要想成就一番大事业，就必须像珍珠一样能发出光芒，才能让别人一眼识别你。同样的道理，在工作中要把事情做精，才会得到别人的重用，才能有一番作为。

人们常说："干一行，爱一行，才能干好一行。"而现实生活中，在同一个工作岗位上，有的人勤勤恳恳，付出得多，自然收获也多。有的人整天一门心思地调换工作，想被老板委以重任，却不好好做好自己眼前的事情。所以，将来被委以重任自然也轮不到这样的人。要知道我们若能对工作干一行、爱一行、精一行，我们做的任何工作都不会白费，一定能积淀成为人生历练和职业能力，大步走向成功的道路。

李晨和张伟同时进入了一家房地产销售公司，刚进不久，李晨就积极主动地学习公司的业务，了解业务流程以及与客户沟通的技巧，而且还不定时地参加公司的培训，李晨的业务水平一直得到不断地提高，在几个月的不断努力下，李晨就已经精通了公司的各个流程和相关业务，从刚刚的一个月没有业绩，猛排到了公司销售业绩的前三名，成为了公司那一季度的销售明星。

而张伟进入公司，嫌这嫌那，心想自己是重点大学毕业，觉得这项工作没有什么前途。在工作中总是推脱责任，领导说一句跳一步，干什么都觉得没劲，所以不到两月还没转正，就被公司辞退了。

来到了工作岗位，开启了人生的新旅程，工作就是生活，事业就是我们价值的体现，因此，对待我们的工作，我们应该注入热情，用热忱去点燃这座煤山，工作就会燃烧起来，就会释放出巨大的能量。只要你"干一行、爱一行、精一行"，勤奋努力，就会有所收获！正因为李晨对工作有一种强烈的责任感和使命感，得到了公司的肯定，相反，张伟，就不一样了。因此，在工作中，让我们发扬李晨的精神，热爱自己的事业，为自己、为别人，也为社会撑出一片明媚的春天！

企业家陈安之曾说："天天想赚钱，你就赚不到钱。天天想如何成为行业最顶尖，如何成为行业第一名，钱就会像浪潮般向你涌来！"对于工作，一个人，一旦爱上了自己的岗位工作，他的身心就会融入自己的工作中，在自己的岗位上才能施展自己的才能，才能挖掘自己的潜能，才能在平凡的工作岗位上作出不平凡的业绩。

◈◈◈◈ 智慧典藏 ◈◈◈◈

一个人无论从事什么职业，都应该做到干一行、爱一行、精一行。干一行、爱一行、精一行是一种优秀的职业品质，是所有的职业人士都应遵从的基本价值观。

一技在手，万事不难

——修炼自己的"一技之长"

"一技在手，万事不难"。每次听到这句老话都颇有感触。人活在世上，如果没有"一技之长"，是很难安身立命的，生活也是缺乏色彩的，所以我们一定要注意修炼自己的"一技之长"。如果你练就一身独门绝技，就自然具备了成名的基础，至于"万事"就不成问题了。所以，常言说"荒年饿不死手艺人"就是这个道理。现实生活中，很多人就是凭借自己的"一技之长"，成为了人所共知的成功人士，成为了职场的香饽饽。

战国时期，赵国哲学家公孙龙常说："一个聪明的人应该善于接纳每一个有特长的人。"他聚集了三千门客，并且每个门客都有一门自己独一无二的本领。

一天，一个衣着破烂的人来见他，并且对他说："我也有一项特别的本领，想投靠你的门下。"

公孙龙高兴地问："你有什么本领？快说来听听。"

那人回答道："我的声音特别大，很善于叫喊。"

公孙龙听了，觉得这也是一项本领，虽然不知道能否用得上，但还是收下了这个很善于叫喊的人做自己的门客。

没过多久，公孙龙就跟着他的门客一起外出游玩。当他来到一条河边要渡河时，却发现了渡船的人在河的另一头。当所有的人都不知道该怎么办的时候，公孙龙想起了他前不久收的那个善于叫喊的门客，于是，他就让那人把船夫叫过来。

那位门客就大声地向着对岸喊："喂，船夫，把船划过来，我们要过河。"他的喊声刚停，那对面的船夫就摇着船过来了。

这个门客的特长终于得到了发挥，也为他赚得了生存之本。这就是"一技之长"的由来。

"一技之长"不仅适用于古代，更适用于分工越来越细的当今社会。古人陈继儒曾在《小窗幽记》中说："是技皆可成名于天下，惟无技之人最苦。"一个人如果没有"一技之长"，他就会像落叶似的永远被风所掌握，风的去处就是他的归宿，他的人生就无法想象。反之，一个人如果掌握了一门技能，那么，它就为你驰骋职场储存了资本。

所以，纵观职场，凡是各个领域、各个行业有卓越成就的人，他都有自己独特的绝门秘诀。比尔·盖茨善于研究设计计算机软件，结果成了世界首富；沃伦·巴菲特专门研究股票，结果成了股票投资专家、亿万富翁；华中科技大学中文硕士何华彪专门研究《孙子兵法》，结果成了"孙子兵法营销理论"专家，后来他通过转让研究成果的使用权而成了中国最年轻的年薪 300 万元的打工皇帝……

有一天，美国福特公司的一台工业电机发生故障，各方人士检查了三个月，竟然束手无策，于是请来了德国专家斯坦门茨。斯坦门茨围着电机转了几圈，听了听声音，最后用粉笔在电机上画了一条线，说："打开电机，把画线处的线圈减去16圈。"技术人员立即照做，电机马上恢复正常，福特公司的负责人问斯坦门茨要多少酬金，斯坦门茨张嘴便要1万美元。福特公司的负责人嘟囔着说："画一条线，竟要这么高的价钱！"

斯坦门茨听了微微一笑，解释说："画一条线当然不值1万美元。画一条线只值1美元，知道什么地方画却值999美元。"

技能成就人生。"一技之长"是你获得他人青睐和职场称雄的法宝。正所谓："艺不压身，多一门手艺，多一条路。"当今社会的发展，需要我们每一个人修炼自己的生存绝活。

"一技之长"是你未来生存的资本；"一技之长"是你职场称雄的法宝；"一技之长"是你成功的助推器。"一技之长"为你的快乐加分，为你的社交加分，为你带来职场发展的机遇。既然"一技之长"能够为你的人生带来无限的精彩，那么，你还在等什么呢？

从现在起，抓紧修炼你的"一技之长"，用你的技能装扮你未来成功的人生吧！

❖智慧典藏❖

简单来说，一个人没有专长很难成功。专长就相当于一个人的价值，专长越高，价值越大；专长越多，价值也越多。相反地，没有专长，就个人而言，他并没有什么价值，只能碌碌无为罢了。

要有惊人艺，须下苦功夫

——"苦功"是成就事业的基础

大多数成功人士将称雄归于：功夫＝时间＋汗水＋智慧或是苦功夫＝时间积累＋成倍汗水＋有悟性。从这些成功人士的经历中，我们会发现一些奥妙，那就是具有哲理和智慧性的老人言"要有惊人艺，须下苦功夫"。是的，要想技艺出类拔萃，必须要有悟性，付出成倍汗水的努力，经过一定时间的积累。凡事都要下功夫，是古训，是智慧，也是让我们终生受用的普遍经验。

别林斯基论说："世上有两种人，一种人，虚度年华；另一种人，过着有意义的生活。在第一种人的眼里，生活就是一场睡眠，如果这场睡眠在他看来，是睡在既柔和又温暖的床铺上，那他便十分心满意足了；在第二种人眼里，可以说，生活就是建立功绩……人就在完成这个功绩中享受到自己的幸福。"要想在生活中建立功绩，享受幸福生活，就必须多吃一份苦，多流一份汗，多受一份磨砺，多下一些功夫。

成功与努力从来都是相互依存的。只要功夫深，铁杵磨成针。凡事都要下苦功。下苦功才能发现规律，下苦功才能找准思路，下苦功才能克服困难，下苦功才能激发潜能做成事、做好事。

据宋代祝穆《方舆胜览·眉州·磨针溪》记载：

四川眉州象耳山山脚下有一条磨针溪，溪边住着一个老婆婆，是一名裁缝，专门帮助左邻右舍的人缝制衣服，以维持生计。

　　民间相传李白当时在山中读书，还没有读完，他就放弃了学业，想独自去他乡闯荡。一天，李白下山路过小溪，看见婆婆正在磨铁杵，李白感到很奇怪，心想："这么大的铁杵要磨来做什么？"便问老婆婆道："老婆婆，你为什么在磨铁杵呢？"老婆婆回答道："我想要做针。"李白更加疑惑地又问道："铁杵磨成针，能行吗？"老婆婆答道："只要功夫深！"

　　李白被她的毅力所感动，回家后第二天，就回到山上继续完成他的学业。后人得知老婆婆说是姓武，如今在磨针溪旁有武氏岩来警示后人：凡事只要有决心，肯下功夫，多么难的事也能做成。

　　爱默生曾经说过："伟大的人物最明显的标识，就是他具有坚韧不拔的精神，不管环境变化到何种程度，他的初衷和希望，仍然不会有丝毫的改变，而终至克服障碍，达到所企望的目的。"司马迁写作《史记》耗时达 17 年之久；李时珍为了写《本草纲目》，历 17 年之艰辛；而伟大的导师马克思，在写《资本论》这部巨著时，竟然在他的座位上磨出了一个坑！宝剑锋从磨砺出，梅花香自苦寒来。要做出一番成就，就必须下苦功夫。

　　某大型外企招聘了除极少的本科毕业生外，其余几位都是硕士生和博士生。本以为在工作能力等方面会大大超过招聘的大学本科生，给公司注入新的活力，使之出现一个空前的飞跃。但是经过一段时间的实践检验，并不都尽如人意。这些研究生总是认为自己学历高，知识多，不需要再学习，也不需要在技能方面多下一点功夫。进入公司时，十分懒散，对公司业务什么都不了解，进入公司之后也不去主动了解，不去主动投入时间去专营自己的工作，跟同事们也不积极主动去交流，认为自己是高才生，比别人什么都懂，而不加强平日的业务学习和技能培养。

但是招来的本科生就不一样了，他们自认为自己只是本科生，知识储备肯定没有研究生强，他们进入公司后，就急忙了解公司的历史、发展状况，及其发展潜力。进入公司以后他就主动积极地去适应新的工作环境，积极与同事交流，业余时间花费大量的时间给自己充电，没过几年，这几人的业务水平就超过了那些同时进入公司的研究生，并各自都参与了管理，工资比来的时候整整翻了一番。

凡事需要下苦功才能有所成就。著名文学家钱钟书先生这样说过："人生是一部大书。"是的，人生需要每个人用毕生的精力去写、用毕生时光去读的哲理变幻之书。一分耕耘，一分收获；不下苦功，一无所获。但下苦功不是蛮干，任何事物都有规律，不按规律办事，所下功夫与实际效果成反比。因此，下功夫首先是在找规律上下功夫。只要下功夫，或迟或早就能发现规律。

总之，如果我们没有苦心经营、艰苦劳作，就不会有所成就。不经一番寒彻骨，哪有梅花扑鼻香。我们只要有决心，肯下功夫，多么难的事也能做成功。要想在职场称雄，苦功夫这一条必不可少。

◆◇智慧典藏◇◆

　　孟子说："故天将降大任与斯人也，必先苦其心志，劳其筋骨，空乏其身，行拂乱其所为，所以动心忍性，增益其所不能。"苦难是人生最好的学校，磨难是命运的试金石。每一个人，要想成就一番大事业，都要经过一番磨难，都要经过一番历练，才能获得美好。

铁匠没样，边打边像

——边干边摸索经验

打铁手艺是祖上代代相传下来的。打铁既是苦力活，又是门艺术。其打出来的器物，蕴含着民族的造物精神、审美艺术和智慧。在总结打铁经验时，老人们常说："打铁没样，边打边像。"打铁不像木匠、石匠那样，按图进行。在打铁的过程中需要我们认真仔细，不断摸索，才能造出精美的艺术品来。打铁的技艺，靠边打边看边领悟。同样的道理，在工作中，我们也需要不断学习、不断揣摩、不断摸索、不断实践。

古时候，人们没有像今天有鞋穿。贫穷的人家买不起鞋子，就只能穿草鞋。草鞋用料极其简单，只要家有稻草就行，而且制作草鞋也不是什么技术活，只要用心学，没过多久，并能学到。

打草鞋是不需要图纸的，当然，说打不用图纸，并不是随心所欲，想怎么打就怎么打，打成什么样就什么样，而是边打边试一试，或边打边用手比量一下大小，不断进行修正调整，最后才逐渐成形。当然，打草鞋打多了，便熟能生巧，也就不用总比试比量，其实心中已经有了一个脚印在指导着你编织草鞋。所以，打草鞋既不是照图编织，也不是信手胡编，而是手中无图，心中有样，是一种自觉的编织活动，绝不是盲目的。

这就是俗语"草鞋没样，边打边像"的由来。打草鞋是这样，人在职场也是同样的道理。工作的过程是不断认识、不断升华的过程。每个人都是从不会到会的。工作的过程就是学习的过程和自我知识积累的过程，在工作中要多进行摸索，不断对自己所犯的错误进行纠正，周期性地整理自己的知识体系，使自己的知识能够系统化和结构化，此外，在工作中要多写工作总结和学习心得，多思考可以改进的工作技能，多尝试和实践新方法，从而使自己的专业知识技能提升并直接转化为经验，这样才能使自己比别人做得更好，才不至于落伍，而被职场所淘汰。

张华是一所名牌大学的学生，刚刚大学毕业的学生，毕业后找了一家广告公司工作。开始的时候，张华干劲十足，认为自己大学里学的东西都可以用得上了，而且还自认为自己学识渊博，不需要再学习，但是，没过多久，张华就觉得很郁闷，因为他自己在学校学到的有关广告的知识，他根本就用不上，每天也只能眼看着同事们忙这忙那，而自己每天的工作也只能是在办公室帮领导和同事收拾资料。张华感到没劲，就对老板说，我来公司很久了，却只能做一些整理资料的事情，我的所学根本用不上，我感到很郁闷，对工作也没有多大的信心了。

老板听了以后，叫他坐下，耐心地对他说："其实，工作本身就是一个不断需要你学习的过程，工作中便不是你在学校所学的就用得上，那些东西只是你认知这个行业的一些基本知识，工作中还需要你不断地摸索"，老板停了停，看了看张华，似乎他已经懂了点什么，于是继续说道："任何人在工作中都是从不会到会的，你不要羡慕其他同事在工作中比你娴熟，其实那些都是他们在工作中不断学习、摸索的过程，因此，在以后的工作中，要想赶上你的同事们就必须，一边摸索，一边学习，不断改进提高，这样才能有所提高。"

张华听完老板的话，终于解除了心中的疑惑，点了点头，然后离开了。

无论在什么企业，无论你是什么工作，你都要学会不断学习、不断揣摩、不断摸索、不断实践，这样才能有所建树。

世界上的事物，只要不断地努力，不断地学习，一切就会变得更加美好。工作中，每个人对于工作都有自己不同的看法，有的人认为工作是一种负累，每天重复着相同的节奏，周而复始往复循环，有的人认为工作是一种手段，是自己养家糊口和谋取利益的方式。但要想把事业做到极致，做得更好，就必须把工作当作是一种愉快的带薪学习，工作的过程就是学习的过程和自我知识积累的过程。在工作中，会遇到各种不同的难题，怎样来解决这些难题，其中的过程就是一个学习的过程。假如在工作中不思索、不学习、不重视自己的工作，那么在工作时就会失去兴趣，从而导致工作滞后，那将是被淘汰的命运。

因此，要想在工作中有所成就，不被淘汰，就必须把工作当作是一个需要不断学习、不断探索的过程，只要我们能够坚持学习、终身学习，把专业基础知识扎牢，理顺工作和自我职业发展的关系，理顺工作和知识技能的关系，理顺工作和经验积累的关系，提升自己，从而使自己今后的工作能更上一层楼，也使自己的个人价值能够得到充分的体现。那么，从现在起请把你的工作当作是一个不断学习、不断探索经验的过程吧。

⊱智慧典藏⊰

工作本身是一个不断学习的过程，思索不断，探求不已，成就不断。

苦想没盼头，苦干有奔头

——行动是事业成功的"关键"

人生有两大悲剧：一是万念俱灰，而不思进取；二是踌躇满志，却只想不做。成功开始于你的想法，圆梦取决于你的行动。起而行，胜于坐而想，一百个想法不如一个行动。再完美的规划，如果不将之付诸行动，结果只能为零，任何成功都是从一步步实践中走过来的，行动是事业成功的第一步。如果你想在自己的岗位上获得成功，那就开始付诸行动吧！正如老人们所说："苦想没盼头，苦干有奔头。"

爱因斯坦曾说："成功是99%的汗水和1%的灵感。"任何成功都不是等来的，而是经过汗水、努力行动而来。一张地图，无论它多么精密、多么详细，绝不能够带你到地面上的一土一寸；一块璞玉无论它多么稀有，未经雕琢它绝不会变成价值连城的美玉；一架机器，绝不会自动为你赚一分钱，只有行动，才能孕育成功。现实生活中，我们很多人只会苦想：自己应该如何如何成功，而不是用实际行动去完成它。要知道想得再美好也只是白日梦，因为并没有用实际行动来展现美好！苦想，没有错，有时候想一想，有自己的计划和目标，也是成功必需的，只是不能只是停留在苦想中，一定要付诸实践，要有苦干的精神，才会有"奔头"！

曾经看过这样一个故事：

有人问一位古希腊伟大的思想家："你成为一位伟大的思想家，

成功的关键是什么?"

"多思多想。"这位思想家回答。

这人满怀心得,回去躺在床上,望着天花板,一动也不动,开始多思多想。

一个月后,这个思想家在回家的路上,碰见了那个人的母亲,她对这位思想家说:"求你去见我儿子一面吧,他从你那里回来,就像中了魔一样了,整天不吃不喝,望着天花板发呆。"

思想家到了那人的家一看,只见那人变得骨瘦如柴,拼命地挣扎起来,对思想家说:"我除了吃饭,一直在思考,你看我离伟大的理想家还有多远?"

"你整天只想不做,那你思考些什么呢?"思想家问。

那人道:"想的东西太多,头脑都装不下啦!"

"我看你除了脑袋上长满头发,收获的全是垃圾。"

"垃圾?"

"只想不做的人只能生产思想垃圾。成功是一把梯子,双手插在口袋里的人是爬不上去的。"思想家语重心长地回答。

是的,成功是陡峭的阶梯。两手插在裤袋里是爬不上去的。成功不是想来的,你以那种会关顾你的状态,成功永远不会来。正如培根所说:"好的思想,尽管得到上帝赞赏,然而若不付诸行动,无外乎痴人说梦。"当我们遇到好的想法时,应毫不迟疑地立刻付诸行动,否则,它会投入别人的怀抱,一切美好的愿景也都只是虚无缥缈、可望不可即的海市蜃楼。在工作中,很多员工都有好的想法或创意,但他们疏于行动,不愿把想法或创意在工作中去实现,因为那样有可能比一般工作更耗费他的精力和时间,为了图个"清闲"和"安逸",他们便把好的想法和创意当成"垃圾"一样扔掉。

当然，这些只想不做的人最终是无法获得真正的成功的。

记者曾问一位成功人士："请问，您成功的主要原因是什么?"他回答说："行动!""请问，您遇到挫折时是如何处理的?"记者又问。"行动!"他回答说。记者再一次问："您是如何面对挫折的?"他回答："行动!"记者继续问道："能不能告诉我您成功的秘诀是什么?"他还是回答："行动! 改变世界始于一个举动。"歌德说得好："只有投入，思想才能燃烧。"

俄国伟大作家契诃夫十分注意积累生活素材，随时把听到、看到或想到的一些事情记在一个本子上，称之为"生活手册"。

有一次，契诃夫听一位朋友讲了一个笑话，他笑出了眼泪。他一边笑，一边拿出"生活手册"，恳求说："你再讲一遍吧，让我把它记下来。"从而变成了伟大的文学家。

又比如:

大家熟悉的莱特兄弟，自从有了造飞机的构想以后，就十年如一日地筹款，筹设备，做实验，制造，到最后的成功试飞。他们的名字就这样载入史册被大家铭记，他们为了梦想而努力，为了梦想而付出了行动，他们正是行动的巨人。

行动比思想更富有力量，一个不管多么丰富的计划，最终都必须落实到行动中来，这样才能获得成功。春种一粒粟，秋收万颗子。一分耕耘、一分收获。播下一个行动，你将收获一种习惯；播种一种习惯，你将收获一种性格；播种一种性格，你将收获一种命运。一百个空想家抵不上一个实干家，世界上所有伟大的发明，都是在人们大胆想象之后付诸行动而来：贝尔发明电话，是经过无数次试验得来的；日心说若没有经过哥白尼日复一日的观测行动也无法问世；如果没有瓦特积极地探索，蒸汽机就不会被发明，也不会有轰轰烈烈的工业革命。

千里之行，始于足下。万事俱备，只欠东风，那是弱者的口头禅。我们何不背起勇气的行囊，驾乘恒心的小舟，荡起信心的双桨，去迎接黎明前的曙光呢？坐等时机，无异于堵死了自己前进的道路。一百个想法，不如一次行动，一次行动就足以让你进步。

请记住：想要事业获得成功，切忌做思想上的巨人，行动上的矮子。

◆◇◆ 智慧典藏 ◆◇◆

光说不练假把式，光想不做亦为空。生活中唯有行动，才能奏响生命的乐章；唯有行动才能绽放美丽的花朵。

一心想赶两只兔，反而落得两手空

——"专注"才能成功

一个人的精力是有限的，在有限的时间里，只有专注，才可以把工作做细、做精，做得更完美。而一个不肯专注，一心二用的人，只会越走越远，最终只能在无为中度其一生。因此，老人们常常用"一心想赶两只兔，反而落得两手空"来警示我们。

有人曾经问爱迪生："成功的第一要素是什么？"爱迪生这样回答说："要将你身体与心智的能量锲而不舍地运用到同一个问题上而不知疲倦的能力……我们整天在做事。假如你早上7点起床，晚上10点睡觉，你做事就做了整整15个小时。对于绝大多数人而言，他们肯定是在做一些事情。而我则每天只专注于一件。"一个人想要在人生有限的时间中完成一流的事业，就必须学会专注，学会集中精力去完成一件事情，这样才能将事情做精做细，才能铸就伟大的事业。

性痴则其志凝，故书痴者文必工，艺痴者技必良。历史和现实证明：若想成就事业，必为专注，唯有专注。专注，它将会打开通往财富之门；专注，它将会指引通往成功的殿堂。唯有专注，我们才能挖掘深井处那一缕缕甘泉；唯有专注，我们才不会在各种风雨面前左右摇摆。专注是所有成功的必然因素。无数成功者营造完美人生、成就辉煌事业的黄金法则——专注是金。因为专注，我们激发潜能，开拓创新；因为专注，我们获得成功，赢得无尽的精彩。

这是一个发生在美国的真实故事。

她叫黛比·弗尔慈，20世纪50年代生于美国加州的一个普通农家。结婚后，作为家庭主妇面对日益拮据的生活，她想到创一份属于自己的事业。但做什么呢？一没有雄厚的资金，二没有一技之长。于是，她想到了自己最拿手的就是现烤软饼干，不如就开一家这样的专卖店。

产生这种想法的当天，黛比就去找了她认识的一位行销专家。她之所以找他，是因为他在一家公司担任高级主管，了解市场经济，熟悉市场行情，更重要的是这位专家曾经吃过她做的饼干，对她的饼干赞不绝口。

黛比一见到这位行销专家，就对他说："你一直很喜欢我做的现烤软饼干，现在我想投放市场，你认为怎么样？"

"这根本行不通，没人会买你的现烤软饼干。"行销专家摇了摇头。

听了这位行销专家的话，黛比仍然不死心。这之后她还专门请教了不少食品方面的专家，她一定要在自己的饼干行业干出一番事业来。但是，这些专家还没等她说完，就连连摆手，一致表示反对。她知道，他们提出的问题和困难，不论谁创业都会碰到。

不能得到别人的帮助，黛比还是没有灰心，于是，她想到了自己的家人一定会帮助她的。他们经常吃自己做的现烤软饼干，会有更亲身的感受，一定会理解和支持她开饼干店的想法。于是，黛比将自己的想法告诉了自己的家人，但没想到的是，仍然得到同样的答复，她妈妈一听到黛比的想法，就满脸慈爱地说："我不希望你每天站在热得要命的烤箱旁边去卖现烤软饼干，还不知道能不能赚到钱。"而她的婆婆一听，立即提高了声调，对黛比说："那根本行不通。你从来没有做过什么生意，家中的这点积蓄投进去，一旦血本无归，你们可怎么生活得下去。"

黛比没想到自己在家人面前又碰了一鼻子灰。于是，她找到了周围的邻居、同事，逢人便讲自己想开饼干店的想法，想多方征询他们的意见和建议。没想到，他们好像事先商量好的一样，都异口同声告诉她，这主意太怪了，你去做根本不会成功的。

后来，黛比把这一想法告诉自己最要好的朋友温蒂·马克斯。她想自己最忠实的老朋友即使不怎么支持，也会给她说些令她宽慰的话。想不到温蒂·马克斯一听她的话，马上告诉她："我根本无法想象这点子成功的模样。"

面对大家投来的怀疑眼光，黛比没有选择放弃，1977年8月，她孤注一掷地开了第一家现烤软饼干专卖店。开张当天，黛比的饼干专卖店真的没有迎来一位顾客。在当时，一般人家都会自制饼干，就算要买，大家总是买已包装好的、咬起来脆脆的饼干。难道自己开这种店，真的如人们所说，根本就不可能赚到钱？

在极度沮丧的情况下，黛比想到了采用免费试吃的方法来吸引顾客。于是，她面露笑容地从店里端出一大盘饼干，走到街上请来来往往的行人试吃。在让人们免费试吃的过程中，拉拉家常，交流一下做饼干的心得，创造了一种温馨友善的气氛。时间一长，人们都自愿到她店里购买她做的现烤软饼干，很快就有了回头客。

随后，黛比的饼干专卖店顾客越来越多，规模不断扩大，她想到了开连锁店，从第一家开到第二家，一直开了几十家。最早的连锁店由她授权本店员工去经营，她自己则专注于饼干的质量管理。后来，她的饼干店越开越多，从美国开到世界各地，已先后在全世界1400多个城市开了饼干连锁店，年营业额逾4亿美金，成为世界上最大的"现烤软饼干"店的创办人。

这个故事说明：专注是经营事业成功的关键。生命如舟，不可能负载太多，否则就会在抵达彼岸的途中搁浅，甚至沉没。人生路上，我们在追求事业的途中，不必过多地追求太多的目标，做好生命的减法，专注并持之以恒，这才是最明智的生活之道。

蜜蜂专注于百花，因而赢得了蜜的甜美；雄鹰专注于天空，因而得到了天空的拥抱；白云专注于太阳，因而赢得无限光彩。专注于学习，巴尔扎克才能成为文学巨匠；专注于真理，伽利略才敢于挑战权威；专注于飞翔，莱特兄弟才能在天空中翱翔。因为专注，成功才得以诞生。人们常说，能到达金字塔顶端的动物只有两种，一种是雄鹰，一种是蜗牛。雄鹰是因其拥有矫健的翅膀；而蜗牛就是具备专注的品质。

总之，专注是一种力量，专注是一种催化剂，能赢必在专注。一个人若能把时间、精力和智慧凝聚到所要干的事情上来，就能最大限度地发挥积极性、主动性、创造性，获得最大的成就。反之，缺乏专注的精神，即使立下凌云壮志，也绝不会有所收获。

　　一心一意才能成功，三心二意、一心两用，反而什么事情都做不成。所以，请专注于你的工作吧，它是你迈向卓越的一条重要途径。

明知山有虎，偏向虎山行

——成就事业需要在困难中磨砺

　　老人们说"明知山有虎，偏向虎山行"，山中有虎，自然是极具危险的。硬要进山，便是一种不怕困难的意志表现，是一种时刻挺身而出、傲视天下的霸气，也是一种智谋，更是一种"运筹帷幄之中，决胜千里之外"的智慧。在事业成功的道路上，时刻伴随着困难，工作中如果遇事知难而退，那么事业便不会精彩。自然界告诉我们一个极为简单的真理：一切事物都要变得更加坚强，就必须要经历一些不幸和困境，它是我们不断迈步的推动力。

　　《平凡的世界》中有这样一句话："是的，他在社会的最底层挣扎，为了几个钱而受尽折磨；但是他已经不仅仅将此看作是谋生的程序、活命……他现在倒是很'热爱'自己的苦难了。通过这一段血火般的洗礼，他相信，自己经历千辛万苦而酿造出来的生活之蜜，肯定要比轻而易举拿出的更有滋味……"事业成功的过程恰似蝴蝶破茧的过程，在痛苦的挣扎中，意志得到磨炼，力量得到加强，心智得到提高，生命在痛苦中得到升华，这便是奋斗带给人类的真滋味。

在成就事业的道路上总会出现一些坎坷，遇到一些逆境，碰到一些困难，遇到一些失败，这是难免的现象。如果你将它看成是人生的一块垫脚石、激励你前进的助推器，拥抱它、战胜它，那么，终有百炼成金的那一天。

对于困难，作家雪莱曾经以诗的语言说道："最为不幸的人被苦难抚育成了诗人，他们从苦难中学到的东西用诗歌教给别人。"苦难就像是上帝给予人生的另一种恩赐，它磨炼和美化人的个性，教给人以耐心和服从，提升出最深邃和最高尚的思想。假如没有磨难，其本身就是一种灾难。温室里开不出娇艳欲滴的花朵，马厩里养不出千里良驹。受得住风霜，才能结出丰硕的果实。

有位著名学者写过这样一个故事：

有一年上帝看见农夫种的麦子获得了大丰收，感到十分开心，就向农夫祝贺收成。农夫见到上帝却说："上帝啊，这么多年来我没有一天不在祈祷，祈祷年年不要有风暴、雨雪，不要有干旱、虫灾。可无论我怎样祈祷总不能如愿。"

农夫突然匍匐在地，吻着上帝的脚道："全能的主啊！您可不可以明年允诺我的请求，只要一年的时间，不要大风雨、不要烈日干旱、不要有虫灾？"上帝说："好吧，明年一定如你所愿。"

第二年，果然没有狂风暴雨、烈日与虫灾，农夫的田里果然结出许多麦穗，比往年的多了一倍，农夫兴奋不已。可等到秋天的时候，农夫发现麦穗全是瘪瘪的，没有什么好籽粒，收成居然还没有往年收成的一半多。农夫含泪问上帝："这究竟是怎么回事？"上帝告诉他："因为你的麦穗避开了所有的考验，才变成这样。"

一粒麦穗，尚离不开风霜、雨雪、烈日、虫灾等灾难的考验，对于一个人更是如此。"苦难"是上帝馈赠给人类最后的礼物。一个人只有经历了磨难，才能结出最好的果实。

苦难是我们事业道路上的一道风景。它是一笔财富，是成功的钥匙，是一朵永不凋谢的花，没有苦难人生就不完美。苦难是考验器，对于强者是蓝天白云，对于弱者却是万丈深渊。

著名画家米勒的成功，与磨难是分不开的。

米勒年轻的时候曾经跟随画家德拉罗什学画，当时画室里的同学都瞧不起他，嫌弃他穿着土气，而且还因为米勒反对当时学院派一些人认为高贵的绘画必须要表现极为高贵人物的观念，最终导致老师的排斥，还经常批判他。

不久以后，米勒离开了他的老师德拉罗什。不幸的是，这个时候，他的妻子不幸去世了。于是，他只能孤身漂泊在巴黎。为了维持最基本的生活，他不得不用素描去换取鞋子，还用油画去换取住宿费。为了维持最基本的生存状况，他一下子陷入了贫困和绝望的深渊。

在1849年，当时的巴黎流行黑热病，米勒无奈之下，就带着家人迁居到巴黎郊外的枫丹白露附近的巴比松村，当时他已经35岁了。在农村条件极其恶劣，米勒还依然过着极为贫困的生活，但是美丽的大自然与淳朴的农民以及农家生活，激起了他的创作灵感和创作激情。他创作出了许多著名的作品，比如《播种者》、《拾穗者》等，这些作品主要以描绘农民的劳动与生活为主，具有十分浓郁的农村生活气息。

米勒为此被称为"农民画家"，成了当时法国最为著名的表现农民题材而著称的现实主义画家。可以说，正是诸多磨难，磨砺了米勒的意志，让他达到了生命的高度，取得了辉煌的成就。

一位哲人也说："一个人在饱受折磨的背后隐藏着未来的成功，折磨也是人生所需要的，它和成功一样有价值。"漫漫的事业道路上，往往也不是一帆风顺的，在这条道路上充满艰辛、困难，但对于智者来说，困难才是一笔宝贵的财富。它磨炼和美化人的个性，教给人以耐心和服从，提升出最深邃和最高尚的思想，最终带我们走向成功。

智慧典藏

漫漫人生路，总是挫折相随、困难相伴。苦难是一笔财富；苦难是成功的钥匙；苦难是一朵永不凋谢的花，没有苦难人生就不完美。苦难是考验器，让强者更强，弱者更弱；苦难是英雄的营养，他们把苦难当作历练的基石，在困难中成就人生；苦难是中转站，人必须经过了苦难才会变得成熟稳重。拿破仑曾说："最困难之时，就是离成功不远之日。"苦难是朋友，愿我们与它一生相随。

第九章　家庭幸福课

家和万事兴，家乱一世穷

——家庭和谐是幸福生活的基础

在我们的传统家庭中贯穿一个生活理念，"父慈子更孝，夫唱妇亦随。老幼皆同乐，家和万事兴。""家和万事兴"是一条治家格言，和睦是家庭幸福生活的基石，是每个家庭成员要遵守的生活准则。没有和睦团结的家庭，家庭事业是无法正常发展下去的。

家庭是上帝的定意，是人生的规律，是人生的幸福天堂。法国启蒙思想家伏尔泰曾经说过："对于亚当来说，天堂就是他的家；然而对于亚当的后裔来说，家则是他们的天堂。"卢梭说："家庭是世界最美的景象。"歌德也说："能在自己的家庭中寻求到安宁的人是最幸福的人。"家庭是我们成长的摇篮、情感的归宿、事业的基石，家庭的功能是人类的享受，家庭的和谐是人们的追求。

作家爱琳·詹姆在他的文章中写道："最近，我和一群拥有'实权'的专业人士聚会。我们谈论到种种休闲时的目标，以及我们是否很少真正地去享受那种属于自己的宁静时刻。我们每个人都在报纸上列出我们真正想做的事，这些纸条上的内容大致是：看夕阳，看日出，在海滩上散步，穿过公园，上山旅行，和家人聊天，和另一半度过宁静时光，和孩子度过快乐时光……"

而另外一位作家鲍勃在他的文章中也说道："我特别喜欢停电，因为每逢这时，全家人就会顺应情势，名正言顺地把手上永远做不完的工作停下来。本来各忙各的，各自在自己的房间里读书、写字或温习功课。现在全家都聚集在一起，庆幸多出了一段宽裕的家庭时间。有时听女儿们弹钢琴或拉小提琴；有时关上门一家人一起去散步……"

可见，家庭的温馨和亲情的馥郁永远都是我们最渴望、最迷恋的生活内容。

老话说："家和万事兴。""和"，是亲密无间的团结；"和"，是紧密的凝聚力和强大的向心力。和谐、和睦是幸福家庭的基石，是家庭凝聚力的核心，生活在和谐家庭中的人才是幸福的、快乐的，反之，没有和睦幸福的家庭就没有快乐美满的人生。

在《大学》里，即有"修身、齐家、治国、平天下"的说法，所谓"齐家"就是使家庭和睦、和谐的意思。什么样的家庭才算是和谐呢？家庭的和谐应该是家庭成员相互尊重、互相关心、互相爱护、互相支持、互相鼓励、共同进步。

平凡的日子因为和谐而光彩，平凡的家庭因为和谐而温馨，和谐家庭永远是幸福生活的源泉。和睦的家庭能给每一个家庭成员带来温暖、带来快乐、带来健康、带来智慧、带来前进的力量。营造和谐的家庭氛围，是每个家庭成员的共同需要和责任。只要用心去体味，用心去创造，就能把家庭建设得和谐而温馨。

音律和谐，能弹奏出优美的乐章；家庭和谐，能构建幸福美满的人生。那么，如何才能实现家庭和谐呢？不妨从以下几个方面着手：

1. 树立正确的家庭责任观。

我们每个人都是家庭的一分子，我们每个人对家庭都是有责任和义务的。对于老人，我们有责任赡养他们，让他们安享晚年；对于伴侣我们有照顾、支持的义务；对于孩子，我们有责任把他们抚养成人，让他们有一个幸福的童年。

2. 用心经营家庭。

和谐家庭要靠我们共同维护和经营。在家庭生活中，对待家庭成员，要加强沟通，懂得彼此包容，相互体谅，互相理解，互相帮助，挤时间来创造和谐温馨的氛围。

3. 认真工作、勤劳致富，为家庭打下殷实的物质基础。

和谐的家庭关系必然建立在一定的物质基础之上。无数事例表明，如果缺乏必要的经济条件，家庭成员间往往会对钱的使用产生矛盾。因此，家庭成员要树立不断创业、创造的观念，为和谐家庭的发展提供良好的经济动力和物质保障。

4. 养成淳厚的家风。

所谓家风是指一个家庭的风气，这种风气是由父母所提倡的，同时更是父母身体力行和言传身教的结果。家风是一个家庭长期培育和形成的一种文化和道德氛围。它有着强大的感召力量，家风一旦形成就能不断地继承发展，起着潜移默化陶冶家庭成员性情的作用。

家风问题，事关家庭生活质量和工作环境。一个良好的家风，必然有利于家庭和谐，使家庭成员工作学习起来心情更加愉快。因此，作为家庭成员，我们不仅要提倡忠厚传家，同时也要营建热爱生命、热爱生活、道德高尚、身心健康、团结和谐、蓬勃向上的家庭氛围。

5. 以积极的态度处理各种关系。

建设和谐家庭，很重要的是要理顺各种家庭关系。家庭关系主要有三个方面：

一是夫妻关系。

夫妻关系是家庭关系的核心，所有的家庭关系都是以夫妻关系为中心展开的，因此建设和谐家庭，首先要建立互敬互爱、平等互助的夫妻关系，树立正确的爱情观和婚姻观，用心处理家庭中出现的问题和矛盾。

二是与老人的关系。

俗话说："百事孝为先。"在处理和老人的关系时，我们应牢固地确立"孝"的观念。其次，在与老人的沟通方面，由于年龄、阅历等原因，年轻人往往与老人的交流有代沟，作为年轻人，我们应懂得尊重老人、理解老人，这样才能避免和老人产生矛盾。

三是与小孩的关系。

作为父母，除了给孩子提供一个良好的家庭、教育、成长环境外，还需注重孩子的个性发展，同时也应注意当孩子出现不良行为时要及时纠正，不能听之任之，更不能溺爱。

总之，家庭是幸福生活的城堡。营造温馨、和谐、健康、文明、向上的家庭环境，是每一个家庭成员的责任与义务。

❀≪智慧典藏≫❀

人们常说"家和万事兴"，我们都希望自己的家庭是一幅完美和谐的拼图。夫妻相敬如宾，孩子活泼可爱，老人健康长寿，相处和睦，其乐融融。

激烈夫妻难到头，冷热夫妻水长流

——平平淡淡才是真，简简单单才是福

中国有句老话："激烈夫妻难到头，冷热夫妻水长流。"这句话在历史中、在现实中都一直透出智慧的光芒。轰轰烈烈的爱情的确幸福，但人的一生多半是在平实的生活中进行的。其实，看似平淡如水的生活，背后却蕴藏着绝世的真情。一切最简单的，都是返璞归真的，爱情的最高境界就是经得起平凡的流年。

幸福是每个人生命中不可缺少的元素。但一千个人眼中有一千个哈姆雷特，一千个人心中有一千种幸福。正如刘心武所说："在色彩斑斓的现代生活中，我们一定要记住一个真理，那就是在简单的生活中感受平淡才能真正获得心灵的快乐。"人们总是不屑于普通，总是想过得轰轰烈烈，但是蓦然回首，其实平淡之中的韵味才更深更浓，更让人挥之不去，平淡是真、平淡是福。

在一本小说里有这样一段文字："真正的幸福生活，并不是轰轰烈烈，而是一壶水，简简单单，平平淡淡，而在加热时，却也会泛起一些波澜……"换一句话说，幸福的婚姻就是平淡中的踏实。幸福包含在平淡的每一个细节之中，在不温不火的平淡中，泛起的一丝丝涟漪，才令人回味。

常听到同事余嘉在抱怨生活就是柴米油盐酱醋茶，平淡得近似无趣。可是，在长达六年的恋爱中，两人一直如胶似漆。一月前，余嘉是在众人无数的美慕和祝福声中步入她憧憬已久的婚姻殿堂

的。

然而，当新婚的甜蜜和激情退去之后，余嘉发现当初那个对她如此浪漫和关心的男人却变得不讲道理、懒惰起来，不再为她花心思。再加上家务的烦琐，工作的压力，两个人似乎再难擦出激情的火花。说不到一起，做不到一起，矛盾、争吵不断。

余嘉很疑惑：难道婚姻真的是爱情的坟墓吗？婚姻生活就真的这样平淡无趣吗？

同为婚姻中的男女，相信都会体会到余嘉说的细节，也大概都能理解她的抱怨。然而，婚姻的本质激情过后，两人褪去热恋时华丽的包装，归于平淡而真实的生活状态。钱钟书说："婚姻就像一座围城，城外的人想进来，城里的人想出去。"的确，婚姻是逃离不了柴米油盐，逃离不了平淡。因此，要想获得一份长久的幸福和白头偕老的浪漫，就需要用宽容和甘于平淡的心态去对待。

生活对我们而言，平淡一些没什么不好，虽然淡如白水，虽说无味，但却真实。然而，随着社会的进步，物质条件越来越富裕，人们的生活看起来越来越美好。然而，很多人却觉得自己越来越不快乐，身心越来越疲惫。这就需要我们在纷繁的社会中寻求一种平淡简单的生活，让自己的心灵归属到一种平和的美妙中。

从前，有一对夫妇生活在一个风景秀美的山林中。他们的房子是用木材简单地搭建起来的，房间简陋但很漂亮。由于远离闹市，他们没有余钱，所以所购置的家当也非常少，对他们来说，最值钱的莫过于那把斧子和那套弓箭了。

斧头是丈夫用来砍柴的。每天早上，丈夫和妻子吃完早饭，就各自忙活起来。妻子在家缝缝补补，而丈夫则带着斧头上山砍柴去了，他也随便背上弓打猎。

到了下午三四点，丈夫背着柴火和猎物到集市上卖掉，然后购置家里的生活用品和粮食。有时候浪漫的丈夫还会给妻子带回小小的礼物，每次都会把妻子乐得喜笑颜开。家里的日子虽然过得清贫简单，但小两口很快乐幸福。

吃过晚饭，夫妻俩就坐在房屋的台阶上，一起看星星，看月亮，有时两人互相讲着故事，有时也喃喃地说着情话。寂静的夜，他们的生活是那么地简单却美好。然而，这美好却被一件突如其来的事打破了。

一天，丈夫陪同妻子吃过早饭后，像往常一样上山砍柴打猎。他抓到了一只狐狸。狐狸竟然开口说道："求求你，放了我吧，如果你能放了我，我帮你实现三个愿望。"善良的丈夫把狐狸带回家中，把事情告诉了妻子。

妻子听到后，十分高兴，她一直以来想要好多好多的东西，但是一下子却不知道要什么才好。很多很多钱？很多漂亮的衣服？一栋大房子？还是让自己变得更加漂亮……这一个个愿望妻子都想实现，可是究竟哪一个比较重要呢？只有三次机会，可妻子想实现的愿望实在太多了。

妻子苦苦思索着，不能作出决定。于是她什么也不干，而是把自己关在屋子里，不停地想、不停地想，想得都忘记吃饭睡觉。不久后，妻子越来越憔悴了，最后竟然疲劳而死。

克拉普卡·哲罗姆说："让你的生命之舟轻装上阵前行，只装上你需要的东西——一个朴实的家，简单恬淡的快乐，一二知己，你爱的人和爱你的人，一只猫，一条狗，烟斗一二，能吃的食物、够穿的衣服，水要多带一些，因为口渴是要人命的。"其实，生活本来就如此简单、朴实。少点欲望，多从这看似简单平淡的生活中体味幸福和快乐，人生便处处都是风景。

幸福是如影随形的。只要我们心灵淡然若水，人生便如行云流水，轻盈飘逸。当然，淡，不是平淡无味，而是有取有弃，有收有放，有失有得。

≪智慧典藏≫

人生在世，平淡是真，简单是福。平淡简单是生活的真谛，一种"独自清"的心境，同时也是一种能力、智慧。淡者质朴、清淡、简约，无旁逸斜出，无烦冗奢华；淡者宽容、谨慎、执着……如此人生便幸福快乐。

婆媳亲，全家和

——正确处理好婆媳之间的关系

老人言："婆媳亲，全家和。"婆媳关系历来是最敏感的，也是中国家庭内部人际关系中一个传统难题。在家庭矛盾中，最明显和最常见的是两代人之间的矛盾和冲突，最容易出现在婆媳关系上。婆媳不和，是使现代不少人提起就摇头叹息的问题。婆媳关系维系得融洽与否，在很大程度上决定一个家庭是否幸福和谐。

家庭和谐是一个社会和谐的基石。在家这个词语里，没有感天动地的事迹，没有壮志激怀的豪言壮语，有的只是平凡的人们的琐碎生活，有的只是那些小小的，由于两代人之间思想观念、生活习惯等不同，经常会出现一些问题，而婆媳关系是家庭内部人际关系中一个传统的难题，婆媳关系融洽与否直接影响着家庭的和谐与否。

自古婆媳关系就是家庭关系中一种最微妙、最难处的关系。在漫长的封建社会中，婆媳关系是一种不平等的人际关系，媳妇必须俯首听命于婆母。现代家庭中媳妇虽说有独立的社会政治经济地位，婆媳关系已基本形成了一种平等的人际关系；但是也应看到，即使在今天，相处融洽的婆媳关系也并不十分普遍。

刘玲是南方人，老公程松是北方人。他们是在大学期间认识、恋爱，最后步入婚姻殿堂的。为了爱情，刘玲来到了一个全然陌生的城市，成为一名"外来妹"。结婚后，夫妻俩和婆婆住在一起。

婆婆是一个很强势的女人，哪有她看不惯的地方，她总会挑出来。比如刘玲作为南方人，很少吃面食，有时单开火，婆婆就会出来大骂；晾衣服时，刘玲没有将衣服翻过来晒的习惯，而婆婆觉得正面晒衣，容易褪色；刘玲在做菜时喜欢放点辣椒，婆婆说辣得要命，成心不想让她吃饭；刘玲喜欢带儿子一起出去玩，她说媳妇对孙子学习管教不严，在她看来，孩子应该管教严厉才有出息，棍棒之下出孝子，过于放松会害了她的孙子……生活的琐事，婆婆都要插上一嘴。

面对婆婆的刁难，刘玲并没有和婆婆争吵，尽量满足婆婆的要求，有时候也会很委屈地跟丈夫抱怨几句，丈夫总让她让着婆婆点儿，别跟老人计较，为了不让丈夫为难，刘玲选择了忍气吞声，直到后来因为一件事，她和婆婆的关系才莫名其妙得到了好转。

有一天，丈夫程松外地出差去了，婆婆生了病。刘玲将婆婆急忙送到医院照顾。刘玲见婆婆吃饭不方便，就主动给婆婆喂饭，尝尝冷热，擦拭嘴角，耐心细致，还时常给婆婆按摩，看到媳妇这样孝顺懂事，婆婆的心也软了。刘玲对婆婆说："妈可能我过去有些地方做得不够好，以后如果您觉得我做错了，就直接和我说，我会尽量改的。我们是一家人，不应该有隔阂，您说是吧？"

婆婆羞愧地低下了头，没有说话。自那以后，她再也没有对刘玲有过任何抱怨了。

刘玲用自己的宽容最终感化了自己的婆婆，使得婆婆接纳了自己。

五千多年前的苏美尔人就在自己的泥板书中感慨媳妇和婆婆是天生的死对头，时至今日，婆媳关系仍旧是中国人茶余饭后的常见话题。其实，人非草木，孰能无情。人与人之间的关系就像是一个花园，只要你用心浇灌，便能开出满园的鲜花。

总之，在这个平凡的家庭里，作为婆媳之间，我们需要用自己的言行，去书写新时期家庭和谐的新乐章。那么，应该怎样科学地去浇灌这个花园呢？这里有以下几点建议，可以作为参考：

1. 保持距离。

婆媳之间尽可能避免住在一起。

2. 相互尊重和谅解。

媳妇对婆婆要尊重，要以礼相待，该尽的义务要尽。作为婆婆在处理家庭事务时，也该尊重儿媳的意见。此外，要发展良好的婆媳关系，双方都需要学会谅解对方、体贴对方。

3. 尽量不要争吵。

婆媳之间有了分歧，产生矛盾时，双方一定要保持冷静的头脑。等到双方冷静以后，加强沟通来解决双方的矛盾。

4. 发挥儿子的中介作用。

在处理婆媳关系当中，儿子的作用很重要。儿子的角色起着承上启下、沟通桥梁的作用。但应该注意一点就是儿子在扮演"中介"角色时，一定不能只听一面之词，信一面之理，偏袒任何一方，指责另一方，那就无疑火上浇油，使矛盾加剧。

>>>**智慧典藏**>>>

　　婆媳关系是婚姻家庭中最敏感的话题，很容易成为家庭不和谐、不幸福的导火索。我们只有记住，家是讲爱的地方，不是讲理的地方，学会相互迁就和礼让，一切矛盾就可以迎刃而解了。

婚前睁两只眼，婚后闭一只眼

——"信任"是维系婚姻的基本要素

　　人生之幸，莫过于被人信任；人生之憾，莫过于失信别人。夫妻之间的信任是对双方的一种鼓励，是一种肯定与赞赏，同时被人信任是一种幸福的感觉。夫妻之间的相互信任是维持感情的重要基础。时光如梭，岁月洗涤了很多生活的痕迹，但信任带给家庭平淡的生活诸多美好和幸福，往往会被刻画在记忆的最深处，成为人生里值得记忆的甜蜜的人生感触。老人对待婚姻时常说，"婚前睁两只眼，婚后闭一只眼"，彼此多一份信任，便能执子之手，与子偕老。

　　北美民谣《相信我》中写道：

　　如果我能永远说正确

并达到您的心里

尽管你心怀疑虑

这时，你可能

来相信我

我领导的生活是不是那种

这给出了一个女人的心态和平

我只希望有一天，你会发现

你可以相信我

这些其他的爱，来之前

没什么意思了

但你不能十分肯定

不会相信我

太多的心已被打破

不信任他们觉得什么

但是，信任是不是

这种情况的发言

和爱的永远没有错

当它是真实的

如果我只能做一件事

然后，我会尝试写和唱

一首歌曲结束的质疑

让你相信我。

苏霍姆林斯基说："对人的热情，对人的信任，形象点说，是爱抚、温存的翅膀赖以飞翔的空气。"信任是一缕春风，它会让枯藤绽出新绿；信任是一条纽带，它联结人们的心灵。信任是维系夫妻关系的最基本要素。夫妻间的感情必须建立在相互信任、相互了解的基础上，而猜疑是咬噬爱情之树的蛀虫。婚姻中倘若有了猜疑，悲剧便会产生，生活中这样的事例已然发生了许多。

100多年前，拿破仑三世，即拿破仑一世之侄。他和世界上最美丽的女人——特巴女伯爵玛利亚·尤琴相识、相恋，并最终和她结了婚。

他们拥有财富、健康、权力、名声、爱情、尊敬——是一个十全十美的浪漫史。他的爱情从未像这一次燃烧得这么旺盛、狂热。

不过，这样的生活很快就变得摇曳不定，热度也冷却了，最终只剩下了余烬。拿破仑三世可以使玛利亚·尤琴成为一位皇后，但不论是他爱的力量也好，帝王的权力也好，都无法阻止这位法兰西女人的猜疑和不信任。

由于她具有强烈的猜疑心理，竟然藐视他的命令，甚至不给他一点私人的时间。当他处理国家大事的时候，她竟然冲入他的办公室里；当他讨论最重要的事务时，她却干扰不休。她还不让他单独一个人坐在办公室里，总是担心他会跟其他的女人亲热。

她常常跑到她姐姐家里，数落她丈夫的不是。她会不顾一切地冲进他的书房，不停地大声辱骂他。拿破仑三世虽然身为法国皇帝，拥有十几处华丽的皇宫，却找不到一个安静的地方。

玛利亚·尤琴这么做，最终怎么样了呢？莱哈特的巨著《拿破仑三世与尤琴：一个帝国的悲剧》中写道：

于是，拿破仑三世常常在夜间，从一处小侧门溜出去，头上的软帽盖着眼睛，在他的一位亲信的陪同之下，真的去找一位等待着他的美丽女人，再不然就出去看看巴黎这个古城，放松一下自己压抑的心情。

是的，玛利亚·尤琴是坐在法国皇后的宝座上，也是世界上最美丽的女人。但在猜疑的毒害之下，她的尊贵和美丽并不能确保她那甜蜜的爱情。

诗人纪伯伦说："恋爱和疑忌是永不交谈的。"平淡的人生岁月里，夫妻之间的信任是盐，平常却能调出一切美味。人都需要被认可、被信任，同时也需要给予信任。夫妻之间的信任蕴含着巨大的能量，也许只是彼此几句推心置腹的坦诚话语，抑或是几句良药苦口的真诚意见交流，信任就如同一股暖流，给予取得信任的人全身心的温暖——即便是在雪花飘零的寒冬。

俗话说："十年修得同船渡，百年修得共枕眠。"夫妻之间彼此结合是很不容易的，况且夫妻之间因为信任而结合，倘若不信任，那么夫妻关系就变了味道，更没有什么幸福可言了。

记住：珍惜你已有的与亲人之间的信任，执子之手，与子偕老。

智慧典藏

婚姻是一座花园，是需要用心呵护和耕耘的，如果随意对待，花园内就会杂草丛生，一片荒芜。而要想花园内四季风景宜人，花草鲜美，你就要成为一个辛勤的园丁，精心地培育这块芳草地。

少年夫妻老来伴，一日不见问三遍

——适时给爱情保鲜

"少年夫妻老来伴，一日不见问三遍"一语，是流传了很长时间的老话。皆在告诉我们在平淡的生活中加点"调料"，家庭生活就会变得五彩斑斓、幸福美满，从而使爱情保鲜而且持久。

夏尔顿奴曾说："在婚姻生活中，若要爱情持续不断，需要使它小说话，就是要使当初的哀艳动人的情节，加上血和肉。"再好的东西如果不加以维修，天长日久就难免会出现故障，婚姻生活亦是如此。适时给爱情保鲜，生活会更加温馨快乐。

轰轰烈烈的爱情过后，平淡温馨的家庭生活便自然而然地到来了。有人说"婚姻是爱情的坟墓"，因为按部就班的婚后生活会使夫妻双方感到厌倦。婚姻不是靠一张结婚证书就可以维持的。婚姻需要双方共同地用心经营，需要互相信任包容，需要责任，需要不断地为婚姻注入新鲜元素，这样才能让自己的婚姻永葆青春，永远幸福快乐。

谁都希望结婚后，爱情能如恋爱时甜蜜如初，而现实当中往往事与愿违、不尽如人意。爱情是一个过程，是个由激情转化为平淡的过程，蜜月的激情过后，婚姻里的爱情常常随着时间的侵蚀变得淡而无味。爱情需要保鲜，需要适当增加一些作料。适时地增添一些小浪漫，适时地创造出一些小距离也许会为你们的爱情注入一些新鲜的元素。聪明的人就像是爱情的厨师，知道适时地在生活中加入酸甜苦辣的调味品，让爱情变成美丽的童话。

爱情保鲜的方式有很多种，这里简单介绍几种。

1. 展现浓情蜜意。

这里所指的，是肢体上的亲密感。夫妻之间生活久了，难免会出现枯燥，因此请千万别低估了身体接触的重要性，为了经营更浓情蜜意的爱情，时不时地动动口、动动手，用你的身体来表达爱意。这样更有利于彼此之间增强感情。在某些时候，还会勾起对方美好的回忆，再次激起爱的涟漪。

2. 学会幽默。

幽默能够营造欢乐的家庭氛围，还能够轻松化解夫妻间的矛盾。向忙碌的生活中加入几分幽默和诙谐，可以帮助爱人解除心理疲劳。

3. 保留一些惊喜和浪漫。

有时候，惊喜和浪漫可以让对方更加爱你。惊喜和浪漫可以有很多种。比如，在重要的日子：结婚纪念日、双方生日、情人节等一些重要的节日，给爱人一张卡片、一束玫瑰，吃一次烛光晚餐，都可以让生活充满情趣。

爱不仅仅是挂在嘴边的甜言蜜语，它更是送给爱人的心灵之灯。有了这盏灯，爱人就能够看到希望的光芒，感到温暖和安全。在这盏灯的鼓舞下，爱人会生活得幸福而快乐。

4. 多些若即若离。

俗话说："小别胜新婚。"两个人相处要把握好一定的分寸，同时也给对方一些空间，跟对方的距离永远保持若即若离。甚至两人可以适时地分开一段时间，这样两人如果因为工作或是某些事情而要分开几天，等再次在一起的时候，感情就更加甜蜜了。

妻子和丈夫结婚五年了，两个人的生活一直平平淡淡的，生活对于妻子来说，好像没有了激情。夫妻之间经常吵吵闹闹，可是有一件事，改变了他们的生活面貌。

一次，丈夫因公出差，他就将妻子留在家中。过了一天，妻子有点想丈夫了，总觉得离开丈夫的这段时间，生活中总缺少了些什么。第二天，妻子对丈夫的思念越来越浓了，她想要是丈夫在身边该多好啊，原来丈夫对于自己的生活是多么地重要……第三天，妻子一夜未眠，第二天一早就在门口等着丈夫回来。回来以后，丈夫拿出许多东西，都是给妻子买的，妻子也拿出了给丈夫买的东西，女人像孩子一样高兴地跳起来。

5. 时常沟通。

夫妻之间缺乏沟通，双方就很容易出现误解。通过沟通，只有真实地了解对方，才能对症下药，才利于维持感情。

爱情不是人生的全部，但是人生如果没有爱情，就会黯然失色。爱情可以弥补人生的缺憾，也可以给人带来生活的勇气与希望。但如果没有希望的生活会是痛苦和空虚的，它只会让人感到绝望和无助。在爱情和婚姻中，如果一方对生活完全失去了兴趣，就意味着爱情的完结或婚姻的破灭。因此，为了能够让双方感受到甜蜜如初的美好和幸福，需要我们适时给爱情保鲜。

❖智慧典藏❖

婚姻就像养花，要学会静心陪护，才能开放出灿烂的爱情之花。

鞋子适合不适合，只有自己知道

——选择适合的结婚，而不是最好的

有一句话说："婚姻就像鞋子，鞋子适合不适合，只有自己知道。"舒适的鞋子，便不一定高贵、漂亮。任何时候，我们都只能让鞋子来适应脚，而不是让脚去适应鞋子。鞋子舒服不舒服只有脚知道。上路最怕穿错鞋，爱情最怕受折磨。记住：选一双合脚的鞋，才能走更远的路。

毕淑敏说："婚姻是一双鞋。不论什么鞋，最重要的是合脚；不论什么样的姻缘，最美妙的是和谐。切莫只贪图鞋的华贵，而委屈了自己的脚。别人看到的是鞋，自己感受到的是脚。脚比鞋重要，这是一条真理，许许多多的人却常常忘记。"婚姻是让人生幸福的最重要元素之一，因此，我们一定要把握好自己的婚姻，选择合适的伴侣。正如有人说："你的另一半是拿来过日子的，不是养你的，不是炫耀的，不是比较的。最好的日子，无非是你在闹，对方在笑，如此温暖一生。"

现代社会，物欲横流。生活中很多人在择偶之前不去考虑对方的相貌、身高、学历、家庭背景、兴趣爱好，而是是否有房有车有储蓄的问题。殊不知，没有爱情维护的婚姻会持续多久呢？没有爱情滋润的婚姻，会有多么苍白猥琐呢？

郭晓和孙雯是一对好姐妹。郭晓是个漂亮的女孩子，不仅身材高挑，长得也很水灵，因此，公司里有很多男同事都追求她。其中有一个追求者，不仅人长得高大帅气，还坐着公司副总的宝座，家庭也十分殷实。面对这样的诱惑，郭晓也只是笑笑，不拒绝也不答应。对于恋人，她很谨慎，她想选择适合自己的人，而不是最好的。最终，她嫁给了一个清贫的工人。

另一好姐妹孙雯长得也很漂亮，在她心中她一直想过上富人的生活。于是，在她众多的追求者中，她毫不犹豫地选择了一个有钱的富商。很多人都认为孙雯的老公那么富有，一定过得比郭晓好，大家都不禁替郭晓惋惜。

婚后一年，姐妹俩回到娘家。孙雯的确华贵富丽，但是，华丽的外表下却掩盖不住苍凉寂寞的内心。见到姐妹，孙雯经不住大哭起来，说，虽然我每天都吃着山珍海味，但是我吃得并不开心；虽然我住着大房子，但是，丈夫走后，就只留下孤零零的我。我们之间没有共同的爱好，每次丈夫回来，都是各玩各的，没有什么共同语言。我不知道这样的生活还能维护多久？

郭晓说："其实，我也过得一般。每天我都要等丈夫回家，吃完饭后，带上儿子去公园里散散步，日子过得很平淡，但是很幸福。"

卢梭在《爱弥儿》中写道："我的意思并不是说在婚姻问题上可以考虑社会关系，我的意思是说自然关系的影响比社会关系的影响要大得多，它甚至可以决定我们一生的命运，而且爱好、脾气、感情和性格方面是如此严格地要求对方相配……这样一对彼此相配的夫妇是经得起一切可能发生的灾难的袭击的，当他们一块儿过着穷困的日子时，他们比一对占有全世界的财产的离心离德的夫妻还幸福得多。"如果说爱情是婚姻的基础，那么两个人之间具有共同的兴趣爱好、共同的价值取向、共同的理念等则是婚姻最好的润滑剂，让婚姻之路走得更加顺畅。

幸福是自己的体会，不是别人看到的样子，所以，我们必须选择适合自己的婚姻，无须将自己的生活表演给别人看，更不要盲目地羡慕别人的幸福，否则会忽略本就属于自己的幸福。

从前，在一条河的两岸，一边住着一些凡夫俗子，一边住着一群僧人。

凡夫俗子看到对岸的僧人们每天都诵经撞钟，十分悠闲，非常羡慕他们；僧人们看到凡夫俗子每日日出而作，日落而归，也十分向往他们的生活。

日子久了，他们都各自在心中渴望着：到对岸去。

一日，他们便在一起商量，决定双方交换着身份过日子。于是，凡夫俗子们过起了僧人的敲钟念佛的生活，而僧人们过上了凡夫俗子日出而作，日落而归的日子。

几个月过去了，成了僧人的凡夫俗子们发现，原来僧人的日子并不好过，每天除了诵经撞钟，其他什么都做不了，空闲的时间只会让他们感觉无所适从，便怀念起以前凡夫俗子的生活来。成了凡夫俗子的僧人们也体会到，他们除了劳作带来的疲劳外，还要受到烦恼、困惑的折磨，于是也想起念经时的种种好处。

于是，他们各自在心中又开始渴望着：到对岸去。

幸福没有固定模式。婚姻幸福与否，只有自己知道，适合自己的才是最好的。苏曼殊说："爱情是众里寻他千百度，是舍我其谁，是'若水三年，只取一瓢饮'。"无论是爱情和婚姻，选择合适自己的才是获得幸福快乐的基础。因此，我们一定要根据自己的内心要求来抉择，不要因为贪图表面的一些浮华，而葬送了自己的幸福。

> ❖智慧典藏❖
>
> 什么才是最好的？不是最高贵的，也不是最漂亮的，更不是最豪华的，而是最适合自己的。幸福不需要金钱的粉饰，不需要美丽的光环，很多时候只有适合自己，才会轻松、快乐。

百年修得同船渡，千年修得共枕眠

——且行且珍惜

老话说："百年修得同船渡，千年修得共枕眠。"这专为形容红男绿女们结为连理有多不易。佛说：前世的五百次回眸才换来今生的擦肩而过。在芸芸众生之中，两个人能走到一起，就是缘分。缘分不易，要努力珍惜！

周国平说："人与人的相遇，是人生的基本境遇。爱情，一对男女原本素不相识，忽然生死相依，成了一家人，这是相遇。亲情，一个生命投胎到一个人家，把一对男女认作父母，这是相遇……相遇是一种缘。爱情、亲情，人生中最重要的相遇，多么偶然，又多么珍贵。"世上并无命定的情缘，凡缘皆属偶然，好的情缘的磨砺恰恰在于，最偶然的相遇却唤起了最深刻的命运与共之感。人生不过短短几十年，与爱人相守却是大半辈子。因此，我们要懂得呵护和珍惜。

一位法师外出弘法，路上，遇到一对正在吵架的夫妻。

妻子："你算什么丈夫，一点都不像男人的样？"

丈夫："你怎么骂人，你如再骂，我便打你！"

妻子："我就骂你，你不像男人嘛。"

这时，法师听到了，就对路人大喊："你们快来看啊，看斗牛要买门票；看斗蟋蟀、斗鸡也要买门票；现在，斗人不需要门票，你们快来看啊！"

夫妻不理，仍然继续争吵。

妻子："你杀！你杀！我就说你不像男人。"

法师："精彩极了，现在要杀人了，快来看啊！"

路人："和尚，你嚷嚷什么啊？夫妻吵架，关你何事？"

法师："怎么不关我的事？你没听到他们要杀人吗？杀死人就要请和尚念经，那我就有生意做了。"

路人："真是岂有此理，为了买卖就杀人。"

法师："希望不死也可以，那我就要说法了。"

这时，路人和夫妻都安静了下来，听法师和什么人在争吵。法师对那对夫妻说道："再厚的寒冰，太阳出来时都会融化；再冷的饭菜，柴火点燃时都会温热；夫妻，有缘生活在一起，要做太阳，照亮别人；做柴火，温暖别人。希望你们好好珍惜前世修来的福分。"

夫妻二人羞愧难当，各自认了错。

有缘千里来相会，无缘对面不相识。在芸芸众生之中，两个人能走到一起，就是缘分。那么夫妻之间应该珍惜这份缘分：互敬互爱，互谅互让，这样才能让婚姻更为美满，让爱情更为甜蜜。

人们常说，家是累了时靠岸的港湾，是心灵休憩的净地。拥有一个美满的家庭，便是幸福生活的开始。人人都渴望自己的婚姻是和谐美满的，这是美丽生活的源泉。然而，托尔斯泰曾说："世界上幸福的家庭都是相似的，不幸的家庭各有各的不幸。"现实生活中的人们往往不懂得珍惜，有的三年五载便以分手告终，而有的甚至从一而终或许已被劈腿，婚外恋。

有一个女人偷偷地背着丈夫有了外遇。这天，她提出离婚。但是丈夫舍不与跟妻子分开，就是不答应。于是，妻子便天天和丈夫吵架。

最后，丈夫心疼女人的身体，怕她老是生气而损害健康，于是就同意与她离婚，但是离婚之前有一个条件：必须见一见她的情人。妻子觉得很内疚，答应了丈夫的要求。

第二天，女人带着高大英俊的男人回来了。妻子本以为丈夫见了自己的情人会大发脾气，意外的是，丈夫并没有那样做，而是很礼貌地与男子握了握手，便把他拉到一边，想单独和他谈谈。

妻子站在一边，心里七上八下的，不知道丈夫想干什么，只是隐隐地听到丈夫讲话。一会儿，丈夫叫妻子过去。妻子看到两人便没有发生什么，情人的脸上甚至温和了不少，而丈夫好像也释怀了一样。

女人送情人回家的途中，终于忍不住问道："我丈夫跟你说了什么？是不是说我的坏话，我的缺点了？而你也信了……"女人问个没完。情人听了，叹了口气说道："你们一起生活了这么多年，你一点都不了解你的丈夫。""我怎么不了解了？"女人急切地说，"他就像一个闷葫芦，从来不会说什么好听的话，我们的日子过得很闷、很无趣，所以我才跟他离婚的。"情人听了，又叹了一口气说道："他人很好，他给我说了你的脾气不好，容易生气，让我以后让着你点，生气对你的身体不好。还说你的胃不好，要少吃冷的和辣的东西。"女人难以置信地盯着情人问："他怎么会说这些呢？

还说了什么?"

情人答道:"都是生活上的一写习惯和细节。你的丈夫是个好男人,其实他比我更懂得珍惜你,比我更爱你。你还是回到他的身边吧。"说完他抚摸了一下女人的头,然后毅然离开了。

女人后悔了,最终赢得了丈夫的原谅,两个人又在一起了。

婚姻的道路是漫长的,在漫长的人生道路中,黑夜和白天循环交替着,春夏秋冬不停地变换着。生活中的点点滴滴就像一串串音符构成的生命的乐曲,跌宕起伏,有高潮、有低音……然而人生又是短暂的,时间如白驹过隙,一去不回。因此,我们行走在人生道路上,要学会且行且珍惜,珍惜夫妻之间每一件事、每一个物、每一个细节、每一个感动,用心聆听和体会人生这支美妙的乐曲,才能心心相印,和谐美满。

有人曾写过这样一首诗,名为《珍惜》:昔日飘去的白云,昨日流逝的阳光,若不曾珍惜,今日只剩懊悔,懊悔的泪水,唤不回身边的亲人,懊悔的泪水,唤不回已远走的青春,唯有珍惜,可以令生命闪光。我们都羡慕"执子之手,与子偕老"的浪漫和幸福。殊不知,时间会黯淡一切。人生道路,永远向着前方,让我们且行且珍惜吧!

◆智慧典藏◆

人生苦短,韶华易逝。且行且惜,莫空悲切。

当用时万金不惜，不当用时一文不费

——"理"出来的幸福

金钱是人们生活中的必需品。在现代商品社会里，没有钱的生活寸步难行。中国有句名言："钱不是万能的，但是没有钱是万万不能的。"这句话充分说明了金钱对家庭幸福生活的重要性。

金钱是衡量生活质量的指标之一。在家庭生活中，没有钱的生活寸步难行，没有钱的生活，幸福将没有保障。财富能带来生活安定、快乐与幸福。婚姻，既是两个独立生命体的结合，又是两种独立理财记录的合并。两个人既要为相伴一生努力奋斗，又要为幸福理财运筹帷幄，不要因财务问题而使婚姻触礁。

古语云："善治财者，养其所自来，而收其所有余，故用之不竭，而上下交足也。"家庭生活中，不要忽视理财对改善生活、管理生活的功能。学会理财，让自己的家庭永远充满阳光，永远幸福和谐。

常言道："君子爱财，取得有道；君子爱财，更应治之有道。"其中的"取"就是赚钱，获取财富；"治"就是理财。这就告诉人们不仅要学会赚钱，更要学会理财。

成家理财，是一门大学问。美国成功学大师卡耐基曾说："每年存储下你一年收入的10％，或将其用于风险不太大的投资，那么即使你不是很有钱，也会在几年后，过得很富足、很轻松。"可见，理财是多么明智的做法。

程程与娇娇在大学毕业后，各自找了一份比较好的工作，有着自己稳定的收入。不久后，两人分别嫁人，嫁的老公虽说不是什么大富大贵之人，但都是居家过日子的好男人。

程程与娇娇都是漂亮好性格的女人，唯一不同的是她俩的消费观念和理财能力不同。

程程是比较爱时尚的女人，喜欢享受生活，追逐名牌。她把自己的工资都花在高档化妆品、昂贵的衣服上。而且还规定丈夫必须穿名牌，用高档品，不能给自己丢脸；在家庭生活用品和家具上也是坚持不是名牌就不买的原则；在吃饭问题上，两人也是经常下馆子解决。

而娇娇是一个比较会花钱的女人，她对于一切用品只是追求舒适和质量，有时候会买一两件打折的名牌；而且娇娇是一个非常勤快的女人，工作再忙，下班后照样回家做饭；在金钱上，她跟丈夫商量每月除了必要的花费外，规定把一部分钱拿出来存在银行，生利息；再拿一部分投资股票、基金等。

又过了一段时间，程程与老公外表光鲜亮丽，但是囊中却羞涩，银行里一点存款都没有，因为她和丈夫的工资每月都基本上花完了，经常为了生活上一些需要用钱的地方，就会争吵。

而娇娇家不仅有了一笔小存款，而且她和老公投资的股票也赚了一笔，家庭生活过得津津有味。

其实，在现代生活中，一个家庭的日子是要靠夫妻双方共同的经营下才能过得和谐幸福。金钱同样也是，来年个个人共同打理，才能积累更多的财富。当然理财绝不是节衣缩食，省吃俭用；也不是靠运气或者投机取巧非法财物。理财是一门技术、一门学问，是支出有序、积累有度，在不断提高生活品质的基础上保证资产稳定增值。理财的关键是合理计划、使用资金，使有限的资金发挥最大的效用。具体要做好以下几方面：

1. 做好开源。

首先要学会赚钱，赚钱是理财的起点。

2. 学会节流。

工资是有限的。钱应该用在该用的地方。日常生活中克制自己的冲动消费，不必要花的钱要节约，只要节约，才可以省下一笔可观的收入。

3. 善于计划。

理财的目的，不在于要赚很多很多的钱，而是在于使将来的生活有保障或生活得更好，善于计划自己的未来需求对于理财很重要。

4. 学会投资。

学会投资，这是理财中最关键的一步，是理财的重点。按照比例分配好家庭资金后，要让钱生钱，以钱滚钱，运用多种方法帮助家庭更有效地创造财富。

❖≪智慧典藏≫❖

　　金钱不是万能的。当感情掺杂了金钱的铜臭味就会变质，真挚的情感应远离金钱。总之，金钱是生活的必需品，但不是生活的全部。

树欲静而风不止，子欲养而亲不待

——孝敬父母要趁早

世界上最遥远的距离，不是形同陌路，而是天人永隔；世界上最大的悲哀，不是不亲不孝，而是子欲养而亲不待。中国有句老话："树欲静而风不止，子欲养而亲不待。"借树欲静，而风不休不止吹之为喻，实叹人子欲孝敬双亲时，其父母皆已亡故。为此，天下的儿女一定要记住：孝敬父母要趁早，懂得孝敬父母的人才是天下最幸福的人。

据《汉·韩婴·韩诗外传》记载：

春秋时孔子偕徒外游，忽闻道旁有哭声，停而趋前询其缘故。

哭者是皋鱼，身披粗布，抱着镰刀，在道旁哭泣。孔子问："你家里莫非有丧事？为何哭得如此悲伤？"

皋鱼回答说："我有三个过失：年轻的时候为了求学，周游列国，没有把照顾亲人放在首位，这是过失之一；为了我的理想，再加上为君王效力，没能很好地孝敬父母，这是过失之二；和朋友交情深厚却疏远了亲人，这是过失之三。树想静下来可风却不停，子女想好好赡养父母可父母不在了！过去而不能追回的是岁月，逝去而再也见不到的是亲人。请允许我从此离开人世，去陪伴他们吧。"说完，就辞世了。

孔子很是感动，就对弟子说："你们要引以为戒，这件事足以让你们明白其中的道理！"

于是，辞行回家赡养父母的门徒有十三人。

"孝"乃为人之本。子曰："夫孝，天之经也，地之义也，民之行也。"俗话说："百事孝为先。"尊敬长辈、孝敬父母，是做人的本分，是天经地义的美德。一个只有懂得孝敬父母的人，才算是一个合格的人。可是，曾几何时，我们曾承欢膝下，报答父母的三春之晖呢？

父爱如山，母爱如水。人生于斯，长于斯，都源于父母。是父母给了我们生命，是父母哺育我们成长。相信赤诚忠厚的我们，都曾在心底向父母许下"孝"的宏愿，相信来日方长，相信水到渠成，相信自己必有功成名就、衣锦还乡的那一天，可以从容尽孝。可惜我们忘了，忘了时间的残酷，忘了人生的短暂，忘了世上有无法报答的恩情，忘了生命本身就是如此地脆弱。

有这样一个值得我们深思的故事：

从前，有一棵高大的橘子树，树上结满了果子。有一个小男孩，整天在树底下玩，玩累了，就爬上树去，摘几个橘子，然后就在树底下呼呼地大睡一觉。小男孩爱吃橘子，经常跟橘子树偷偷地说话，橘子树每次都怜爱地望着小男孩，默默听他诉说，任他嬉戏玩耍。

几年过去了，小男孩长大一点，不再天天在橘子树底下来玩。一天，男孩来到橘子树下，满脸地不高兴。橘子树兴奋地说："你是来跟我玩的吗？你为什么不高兴呀？有什么烦心事吗？"男孩伤心地说："我已经不是那个以前在树下爱玩耍的小孩了，我现在想买玩具，可是我没有钱。不知道该怎么办。""真遗憾。"橘子树说，"虽然我也没有钱，但是你可以把我身上的果子都摘去卖了，不就有钱买玩具了吗？"男孩听完后高兴地跳了起来。他摘下了所有的橘子，然后高高兴兴地走了。失去果子的橘子树几乎像以前一样开心。但此后很长一段时间里，橘子树都没有看到男孩过来玩，心里很是难过。

多年后，男孩已长大成了大小伙子。一天，男孩终于来了。橘子树看到男孩心里很是高兴。"孩子你来了，我们一起来玩吧。"橘子树说。"但是……"男孩回答，"我没有时间，我要给家里干活呢？家里正想盖一栋大房子，作为我和妻子、孩子居住的家，可惜找不到足够的木材。"橘子树听了，想了想说："真遗憾，我没有房子，不过没关系，你可以把我的树枝砍下来，不就可以盖房子了吗？"于是，小伙子就把树枝统统砍下来，高高兴兴地拉回家盖房子了。树身上虽然隐隐作痛，但看着小伙子快乐的背影，它依然很开心。

此后，他和橘子树一别多年，橘子树再次陷入悲伤和孤独中。在一年夏天，中年的他终于来了。橘子树见到他，非常激动地说："你是来和我玩的吗？"男人说："我现在没心情，我的日子过得不好，眼看着自己一天天要变老了，却没有轻松地玩过，我想扬帆出海，出去散心，可惜我没有船。"橘子树听了，毫不犹豫地说道："我还有树干呢，你可以拿去造船呀。"男人于是把树干砍下来造了一条船，就出海了。这一走又是好长时间没来了，橘子树每天都思念着他。

又过了多年，男人终于回来了，他已经老了，坐在树下。树一看见他就说："对不起，孩子，我现在什么都没有了，再也帮助不了你了。"他说："我的年纪太大了，现在什么都不需要了，只想找个地方坐下来休息，活了这一辈子，我感觉非常地累。"树听了，高兴地说："那你快坐到我的树根旁来吧，咱们一起休息。"男人坐了下来，依偎在树根旁，橘子树含着泪笑了。

语言平淡如水，但意味深长。其实，这棵树就是我们的父母，为我们奉献一生，操劳一生。小时候，我们喜欢缠着父母，和父母一起玩；但长大后，我们就离开了他们，只是遇到麻烦或需要的时候，才会回来。我们一直忙于我们想要的东西，享受生活，而我们到头来却忘了感恩生我们、养我们的父母。

"燕子去了，有再来的时候；绿叶枯了，有再青的时候；花儿谢了，有再开的时候。"但我们的父母一旦去了，就永远不会再回来。子欲养，亲已远。人生短暂，莫等闲！行走在人生路上的你，不管走得多远，飞得多高，别忘了：从醒来的那一刻，一点一滴、一事一情，用心时刻关爱父母。

≫≪ 智慧典藏 ≫≪

"树欲静而风不止，子欲养而亲不在"，人生短暂，没有多少时间可以供我们挥霍，所以我们要切记：孝敬父母要趁早！